数学分析基本问题与注释

——一元微分学研究式教学法探索与实践

韩茂安　编著

科学出版社

北　京

内 容 简 介

本书是作者在上海师范大学主讲数学分析第一学期课程的教学配套用书. 本书的主要内容可分为两部分，一部分是针对教材的每一节内容列出了五个基本问题,学生可以在课前预习时参考，通过问题引领，有的放矢地让学生自学教材，理解了这些问题就领会了所学内容. 另一部分是作者根据该节内容和所列问题，结合自己的理解和体会以及适量例题给出的要点讲解与注释，以帮助学生正确理解和掌握课本知识. 此外，各章还配备了测试题及其提示.

本书是作者在长期从事数学分析教学与改革的基础上结合多年经验整理而成的，可作为高等院校理工科各专业本科生在学习数学分析第一学期课程时的学习材料，也可供理工科专业考研复习时参考，还可作为从事数学分析教学的高校教师的教学参考书，特别可作为华东师范大学数学系所编《数学分析》教材的配套用书.

图书在版编目(CIP)数据

数学分析基本问题与注释：一元微分学研究式教学法探索与实践/韩茂安编著. —北京：科学出版社, 2018. 1

ISBN 978-7-03-055046-0

Ⅰ. ①数…　Ⅱ. ① 韩…　Ⅲ. ①数学分析　Ⅳ. ①O17

中国版本图书馆 CIP 数据核字 (2017) 第 265192 号

责任编辑：张中兴　梁　清 / 责任校对：邹慧卿
责任印制：张　伟 / 封面设计：迷底书装

科 学 出 版 社 出版
北京东黄城根北街 16 号
邮政编码：100717
http://www.sciencep.com
北京凌奇印刷有限责任公司印刷
科学出版社发行　各地新华书店经销
*
2018 年 1 月第　一　版　开本: 720 × 1000　B5
2024 年 6 月第 五 次印刷　印张: 9 1/4
字数: 187 000

定价：36.00 元

(如有印装质量问题，我社负责调换)

前　言

近年来作者在上海师范大学主讲数学专业的基础课数学分析第一学期的课程, 所用教材是华东师范大学数学系所编的《数学分析》(第四版), 即文献 [1]. 作者针对每一节内容提出了五个基本问题, 并尝试在教学方式上也做了新的探索, 其要点如下.

1. 学生根据老师提供的"基本问题"来预习 (这是必须做的, 也是关键的一步), 尽可能真正理解所学内容, 包括主要概念、理论、方法、思路、难点、主要定理分析, 总结出心得体会, 并准备好在课上提问老师或者回答老师的提问, 同时, 也欢迎同学们随时随地给老师写信提问, 老师将回信解答或在课堂讲解. 老师的作用主要是掌控进度、调动兴趣、激发思维.

2. 每堂 (3 节课) 按以下安排教学.

(1) 当堂自学与提问 (约 40 分钟). 学生根据老师事先提出的基本问题, 在预习的基础上再进行当堂自学, 加深理解; 在学习过程中遇到问题马上向老师提问与请教. 老师当堂辅导答疑.

(2) 要点讲解 (约 60 分钟). 讲述当堂课要学习掌握的概念、理论与方法, 讲解主要定理的证明思路和使用方法 (结合应用实例), 定理分析 (各条件作用与结论等分析与理解) 以及进一步的延伸 (例如, 当定理部分条件成立时会有什么样的部分结论); 结合内容给出应用例子.

(3) 答疑、讨论、布置作业 (约 20 分钟). 学生就不明白之处进一步提问, 对定理的理解和使用进行交流和分享, 老师再做讲解. 最后布置作业.

上述教学过程可以概括为: 先通过问题引领进行自学, 后通过课堂提问来理解内容, 再通过讲解要点来加深理解. 我们不妨将这种教学方法叫做"问题主导的研究式教学模式".

所有大学数学课程中, 数学分析是数学专业最先学习的课程之一, 也是最重要的数学课程之一 (因为它是所有数学后续课程学习的基础). 作者认为学好数学分析的诀窍在于: 基于理解、学会推理、勤于思考、培养技能. 具体来说, 就是要做到: 刻苦自学、主动提问、认真听讲、独立做题、勤思善问、融会贯通. 于是, 为了帮助学生理解和掌握好数学分析的理论和方法, 作者根据自己的理解和体会, 对每一节的基本问题给出进一步的注释, 又对每一章精心挑选了测试题, 并给出了关键步骤或提示. 经作者多年使用以及不断修改补充才形成了本书.

考虑到已有许多有关数学分析解题技巧的书出版, 作者编著本书的主要目的在于用通俗易懂的语言或以新的视角来诠释和解读所出现的重要概念和基本定理的证明方法与思路. 此外, 所有例子都是为了配合基本内容而精心挑选的, 许多例子的解法也是新颖的.

本书在写作过程中参考了文献 [1]~[7], 在此向这些文献的所有作者表示感谢. 本书的初稿在上海师范大学使用过多次, 在使用过程中丁玮教授提出了有益的修改意见. 河北师范大学的杨俊敏教授也曾在数学分析教学中参考过本书初稿, 提出了有价值的建议, 并为本书制作了图形. 在本书的出版过程中, 北京大学的李承治教授和科学出版社的张中兴老师仔细阅读了全稿, 并提出了一系列宝贵的修改意见和建议, 最后科学出版社的梁清老师又对书稿清样进行了认真的校对与规范. 作者在此一并向他们表示衷心感谢.

由于作者水平有限, 书中难免有不当之处, 恳请读者不吝赐教.

作　者

2017 年 7 月

目　录

第 1 章　实数集与函数

1.1　实　　数

1.1.1　基本问题

1. 什么是无限小数表示? 什么样的有理数有两个 (等价的) 小数表示? 无限小数表示有什么作用? 试利用无限小数表示证明必有无穷多个无理数.

2. 什么是实数的 n 位不足近似和 n 位过剩近似? 它们具有什么性质?

3. 如果把无限小数表示作为实数的定义, 那么如何建立实数的大小与运算?

4. 实数的主要性质有哪些?

5. 实数的绝对值是如何定义的? 它有哪些基本性质?

1.1.2　要点讲解与注释

中学里学过, 整数之比称为有理数, 而无限不循环小数称为无理数, 有理数和无理数统称为实数, 实数与数轴上的点是一一对应的. 有理数的四则运算也是大家所熟悉的. 然而, 要严格建立实数的定义和运算及其性质是很不容易的, 是相当深奥的. 完整的实数理论出现于 19 世纪, 分别由戴德金 (Dedekind, 1831—1916) 和康托尔 (Cantor, 1845—1918) 等所给出, 他们所给实数的定义形异实同, 其本质都是视无理数为有理数之无限逼近. 这里, 我们简单地介绍引入实数定义的两种方法, 即无限小数表示和戴德金分划, 而涉及的细节可参考文献 [1] 中的附录或文献 [2] 中的绪论.

所谓无限小数表示是指形如 $x = a_0.a_1a_2\cdots$ 的量, 其中 a_0 为整数, 而每个 $a_j(j \geqslant 1)$ 为 0, 1, 2, 3, 4, 5, 6, 7, 8, 9 之一. 我们把这样的量称为一个实数. 利用这个表示就很容易定义有理数和无理数: 一个无限小数表示若出现无限循环, 就叫做有理数, 否则就叫做无理数. 关于无限小数表示, 我们需要明确下列三个约定.

(1) 出现无限个连续 0 可以写成有限位表示, 也就是说, 如果有 $k \geqslant 0$ 使当 $j \geqslant k+1$ 时有 $a_j = 0$, 则记

$$a_0.a_1a_2\cdots a_k = a_0.a_1a_2\cdots a_k00\cdots.$$

特别有 $a_0 = a_0.00\cdots$, $0 = 0.00\cdots$.

(2) 按照有理数的加法, 成立 $a_0 + 0.a_1a_2\cdots a_k = a_0.a_1a_2\cdots a_k$. 例如, $-0.3 = -1 + 0.7 = (-1).7$.

(3) 出现无限个连续 9 的无限小数表示可以转化成出现无限个连续 0 的无限小数表示, 并视它们相等; 反之亦然. 详之, 我们有

$$a_0.99\cdots=(a_0+1).00\cdots=a_0+1,$$

以及

$$a_0.a_1\cdots a_k99\cdots=a_0.a_1\cdots a_{k-1}(a_k+1)00\cdots=a_0.a_1\cdots a_{k-1}(a_k+1),$$

其中 $k\geqslant 1$, $a_k<9$.

利用不出现无限个连续 9 的无限小数表示 $x=a_0.a_1a_2\cdots$, 可以定义实数的整数部分 (记为 $[x]$) 和 (纯) 小数部分 (记为 $\{x\}$), 即

$$[x]=a_0,\quad \{x\}=0.a_1a_2\cdots.$$

进一步可以利用这样的表示定义正数和负数, 即若 $a_0>0$ 或 $a_0=0$ 且存在某个 $j\geqslant 1$ 使 $a_j>0$, 则称 x 为正数, 若 $a_0<0$, 则称 x 为负数. 此外, 利用无限小数表示可以定义实数的相等和大小, 使得任意两个实数 x 与 y, 关系 $x=y$, $x>y$ 与 $x<y$ 有且只有一个成立. 不过, 这里需要约定实数 x 与 y 的无限小数表示均不出现无限个连续 9 或均不出现无限个连续 0. 否则, 就无法比较其大小, 因为成立 $0.00\cdots=(-1).99\cdots$. 例如, 设 $x=a_0.a_1a_2a_3\cdots$, $y=b_0.b_1b_2b_3\cdots$, 它们均不出现无限个连续 9. 若存在整数 $k\geqslant 0$ 使 $a_k>b_k$, $a_j=b_j$, $0\leqslant j\leqslant k-1$, 则称 x 大于 y 或 y 小于 x, 记为 $x>y$ 或 $y<x$. 这里指出, 由于 a_k 与 b_k 均为非负整数, 因此 $a_k>b_k$ 意味着 $a_k\geqslant b_k+1$.

于是, x 为正数 (负数) 当且仅当 $x>0(x<0)$. 此外, 总有

$$x=[x]+\{x\},\quad 0\leqslant\{x\}<1,\quad x-1<[x]\leqslant x.$$

利用无限小数表示又不难证明有理数的稠密性和确界原理 (见 1.2 节), 而利用有理数的四则运算可以定义实数的四则运算. 例如, 设 x, y 为任意两个给定实数, 则可证必有唯一的实数 z, 使得任取满足 $x_1<x<x_2$, $y_1<y<y_2$ 的有理数 x_1, x_2, y_1 与 y_2, 均有 $x_1+y_1<z<x_2+y_2$. 于是, 我们定义 z 为 x 与 y 的和, 记为 $z=x+y$.

按照实数的加法, 若 $x=a_0.a_1a_2\cdots$, $y=b_0.b_1b_2\cdots$ 满足 $a_j+b_j\leqslant 9$, $j\geqslant 1$, 则

$$x+y=(a_0+b_0).(a_1+b_1)(a_2+b_2)(a_3+b_3)\cdots.$$

从而对任意 $k\geqslant 1$ 成立

$$x_k\leqslant x\leqslant a_0.a_1a_2\cdots a_k99\cdots=\bar{x}_k, \tag{1.1}$$

其中 $x_k = a_0.a_1a_2\cdots a_k$, $\bar{x}_k = a_0.a_1a_2\cdots a_k + 10^{-k}$, 分别称为 x 的 k 位不足近似与 k 位过剩近似. 易见, x_k 随 k 增而不减, 而 $\bar{x}_k$ 随 k 增而不增.

不足近似与过剩近似具有下述性质 (这里的叙述与文献 [1] 略有不同).

命题 设 $x = a_0.a_1a_2\cdots$ 与 $y = b_0.b_1b_2\cdots$ 为两个实数, 则 $x > y$ 当且仅当存在正整数 n 使 $x_n > \bar{y}_n$, 其中 x_n 表示 x 的 n 位不足近似, $\bar{y}_n$ 表示 y 的 n 位过剩近似.

由于 1.2 节确界原理的证明要用到这个命题, 为了论证的完整性, 我们这里给出证明. 先证必要性. 设 $x > y$, 为确定计, 又不妨设它们的无限小数表示均不出现无限个连续 0. 于是, 由定义知存在 $k \geqslant 0$ 使 $a_k \geqslant b_k + 1$, 而对 $0 \leqslant j \leqslant k-1$ 有 $a_j = b_j$. 故由式 (1.1) 可知

$$\begin{aligned} x_k &= a_0.a_1a_2\cdots a_{k-1}(a_k-1)99\cdots \\ &= a_0.a_1a_2\cdots a_{k-1}(a_k-1) + 10^{-k} \\ &\geqslant a_0.a_1a_2\cdots a_{k-1}b_k + 10^{-k} = \bar{y}_k. \end{aligned}$$

因为 x 的无限小数表示不出现无限个连续 0, 故必存在 $n > k$ 使 $x_n > x_k$, 从而 $x_n > \bar{y}_k \geqslant \bar{y}_n$.

再证充分性. 设存在正整数 n 使 $x_n > \bar{y}_n$, 则由式 (1.1) 立知 $x > y$. 证毕.

上述命题的证明中出现名词 "必要性" 与 "充分性". 我们来解释一下它们的含义. 这个命题中, "$x > y$" 是一个明确的结论, 而 "存在正整数 n 使 $x_n > \bar{y}_n$" 是一个具体的条件. 由前者推出后者就是证明条件的必要性, 而由后者导出前者则是证明充分性. 一般地, 假设有这样一个命题或定理: 如果条件 A 成立, 则结论 B 必成立. 这个命题的逆否命题是: 如果结论 B 不成立, 则条件 A 必不能成立. 因此, 条件 A 足以保证结论 B 成立, 也即结论 B 就是条件 A 的必然结果. 我们把 A 称为 B 的充分条件. 而对这样一个命题的证明往往不去明确充分性和必要性. 然而, 很多命题或定理是以这样的形式出现的: 结论 B 成立的充要条件是条件 A 成立, 或者, 结论 B 成立当且仅当条件 A 成立. 在这个叙述中, 结论 B 先列了出来. 在证明这样一类命题或定理的时候, 往往需要明确充分性与必要性, 其中必要性部分就是在 "结论 B 成立" 的假设下推出条件 A, 简记为 $B \Rightarrow A$, 而充分性部分则是在 "条件 A 成立" 的假设下证明 B, 记为 $A \Rightarrow B$. 我们再看一个具体例子. 前面我们利用无限循环的无限小数表示定义了有理数. 进一步可证: 实数 x 是有理数的充分必要条件是存在互素整数 m 和 n, 且 $n \neq 0$, 使 $x = m/n$. 这里我们不打算证明这个命题, 只是借着它来解释充分性和必要性. 利用 "x 是有理数" 来导出 "$x = m/n$" 就是证明必要性, 利用 "$x = m/n$" 来导出 "x 是有理数" 就是证明充分性. 这个命题表明条件 "$x = m/n$" 既是 "x 是有理数" 的必要条件, 也是 "x 是有理数" 的充

分条件.

有时候命题或定理会以其他形式出现, 例如: 条件 A 成立当且仅当条件 B 成立, 这个命题的意思是说条件 A 和条件 B 是等价的, 在证明这种形式的命题时, 也可能分两部分进行, 即 $A \Rightarrow B$ 与 $B \Rightarrow A$, 但却一般 (并不是绝对) 不再明确哪部分是充分性, 哪部分是必要性, 因为这里出现的都是条件.

可能读者已经看到, 上面引入无限小数表示的方式与文献 [1] 有所不同 (当实数为负时), 这里的论证逻辑也有区别, 此处的出发点是利用无限小数表示来定义实数, 来引出正数和负数, 以及比较实数的大小, 再利用有理数引出实数的四则运算, 并导出实数的主要性质.

实数的主要性质有如下几条 (证略).

1. 实数集 **R** 对加、减、乘、除 (除数不为 0) 四则运算是封闭的.

2. 具有有序性, 即对任意实数 a, b, 关系 $a < b$, $a = b$, $a > b$ 有且仅有一个成立.

3. 序关系具有传递性: $a > b, b > c \Rightarrow a > c$.

4. 实数具有阿基米德性: 若 $b > a > 0$, 则必存在正整数 n, 使 $na > b$.

5. 有理数集、无理数集都在实数集中稠密.

6. 实数集 **R** 与数轴上的点可建立一一对应关系 (因此, 以后经常 "点" 与 "数" 不加区分).

例 1.1.1　试利用无限小数表示证明: (1) 有无穷多个无理数; (2) 任意两个不同实数之间必有一个有理数和一个无理数.

证明　(1) 我们来构造出无穷多个无理数. 用 0^k 表示 k 个 0 连续排在一起, 例如, $0^2 = 00, 0^3 = 000$. 令

$$x(1) = 0.010010001\cdots = 0.010^2 10^3 1\cdots,$$

$$x(2) = 0.001000100001\cdots = 0.0^2 10^3 10^4 1\cdots,$$

一般地,

$$x(k) = 0.0^k 10^{k+1} 10^{k+2} 1\cdots.$$

易见, 对任一 $k \geqslant 1$, $x(k)$ 都是正无理数, 且 $x(1) > x(2) > x(3) > \cdots$. 结论 (1) 得证.

(2) 设有两个不同实数 x 与 y, 不妨设 $x < y$, 于是可设

$$x = a_0.a_1a_2a_3\cdots a_{k-1}a_ka_{k+1}\cdots,$$

$$y = a_0.a_1a_2a_3\cdots a_{k-1}b_kb_{k+1}\cdots,$$

其中 $a_k < b_k$. 为了构造方便, 我们可设上述两个无限小数表示都不出现无限个连续 9. 于是可知, 必有 $m > l > k$, 使 $a_l < 9, a_m < 9$. 令

$$r = a_0.a_1a_2a_3\cdots a_k\cdots a_l9999999\cdots,$$

$$\alpha = a_0.a_1a_2a_3\cdots a_l\cdots a_{m-1}9101001\cdots.$$

易见, $x < \alpha < r < y$, r 为有理数, 而 α 为无理数. 结论 (2) 得证.

例 1.1.2 设有三个实数 a, b, c, 满足: 对任何正数 ε 都成立 $c-\varepsilon \leqslant a \leqslant b+\varepsilon$, 则 $c \leqslant a \leqslant b$. 特别地, 若对任何正数 ε 都成立 $|a| \leqslant \varepsilon$, 则 $a = 0$.

证明 用反证法. 题设条件中有个关键词 "任何", 也可以替换为 "任意", 而落脚点在于 "小" 上, 即正数 ε 是任意小的, 它是动态的, 这样的正数有无穷多个, 并且充满正半直线. 若结论 $a \leqslant b$ 不成立, 则由有序性就得 $a > b$. 从而 $(a-b)/2 > 0$, 取其为 ε, 则 $b+\varepsilon = (a+b)/2 < a$, 矛盾. 这样我们找出了一个正数 ε, 这个正数不满足题设条件, 即出现了不合于题设条件的矛盾现象. 这就表明我们要证明的结论是必须成立的, 于是必有 $a \leqslant b$. 同理可证 $c \leqslant a$. 特别地, 若对任何正数 ε 都成立 $|a| \leqslant \varepsilon$, 则取 $b = c = 0$ 即得 $a = 0$.

反证法是数学中一种重要的论证方法. 这种证明方法在数学分析里经常出现. 其基本步骤是: 假设结论不真, 然后利用正常的逻辑推理得出矛盾, 就是得出与题设不合的结论 (若是在推理中利用了题设条件, 就应该得出与某已知的或已证得的结果不合的结论). 出现这种现象的原因就是开始时 "假设结论不真".

1.1.3 补充材料: 戴德金分划简介

以上所介绍的利用无限小数表示来研究实数的方法比较具体, 也比较容易理解, 特别是, 我们可以构造出无穷多个无理数. 下面我们再简述利用戴德金分划来研究实数理论的方法.

设 A 为有理数集的一个非空真子集, A' 表示 A 关于有理数集的余集, 我们说 A 确定了一个分划, 记为 (A, A') 或简单地记为 A, 如果满足下列两条:

(1) 如果 $a \in A$, $a' \in A'$, 则 $a < a'$;

(2) 如果 $a \in A$, 则 A 中必包含大于 a 的有理数.

我们定义所有分划的全体称为实数集. 利用集合的包含关系可以引入该实数集上的一个序关系, 例如, 两个分划 (A, A') 与 (B, B'), 若 $A = B$, 则说它们相等, 记为 $(A, A') = (B, B')$, 若 A 是 B 的真子集, 则说 (A, A') 小于 (B, B'), 记为 $(A, A') < (B, B')$. 不难证明, 所有分划只有两类, 一类是 A' 有最小元, 即存在有理数 r, 使得 $A = \{p|p < r\}$, $A' = \{p|p \geqslant r\}$. 这样的分划确定唯一的一个有理数 r, 称这样的分划为有理分划或有理数. 另一类是 A' 没有最小元, 称这类分划为无理分

划, 并称无理分划为无理数. 可证全体有理数是稠密的, 以及实数集的有上界子集必有上确界.

进一步, 利用分划的定义和有理数的四则运算可以引入分划的四则运算, 即在实数集上引入四则运算, 它们满足一系列性质.

我们看到, 这样引入的实数是很抽象的, 还不是我们所熟知的数. 为了把这样的实数集跟我们所熟悉的实数集建立一个一一对应关系, 我们还需要把每个分划具体化到一个无限小数表示. 事实上可证, 任意分划 (A,A') 都可唯一地对应一个整数列 $\{c_n\}, n\geqslant 0$, 其中对 $j\geqslant 1, c_j$ 为 $0,1,\cdots,9$ 中一员, 且有无穷个 c_j 满足 $c_j<9$, 使得由 $a_n=c_0.c_1\cdots c_n$ 定义的有理数列 $\{a_n\}$ 满足

$$(A_n,A'_n)\leqslant(A,A')<(\tilde{A}_n,\tilde{A}'_n),\quad n\geqslant 1,$$

其中 $A_n=\{p|p<a_n\}$, $\tilde{A}_n=\{p|p<a_n+10^{-n}\}$, 于是, 若令 $x=c_0.c_1c_2c_3\cdots$, 则这个量满足

$$a_n\leqslant x<a_n+10^{-n},\quad n\geqslant 1,\quad A=\{p|p<x,\ p\text{为有理数}\}.$$

这样一来, 分划 (A,A') 跟我们所熟悉的数 x 就有一一对应关系了, 因此, 就可以用 x 来替代 (A,A').

评注　实数是大家在中学里已经学过的概念, 但并没有严格地定义它. 许多数学分析教材 (例如文献 [1]) 中也没有严格地定义它, 但在这一节的注释中我们利用无限小数表示给出了实数的定义, 又在节末给出了实数的另一个定义, 即戴德金分划. 实数还有其他的定义. 当然这些定义在本质上是等价的, 虽然定义的方式不同. 显而易见, 用无限小数表示来定义实数是最容易理解的一个.

1.2　数集和确界原理

1.2.1　基本问题

1. 什么是区间与邻域, 它们又是如何表示的?

2. 什么是有界集、有上界集、有下界集, 什么是上确界、下确界?

3. 确界原理中的上确界和下确界是如何得到的? 请进一步思考: 确界原理的证明之初假设所述集合含有非负元素, 试给出理由; 如果不这么假设, 试按照该书中的证明思路给出直接证明.

4. 任一集合是否都有上下确界? 上下确界与最大值和最小值有何区别?

5. 思考: 对集合 $A=\{a\}$, 引入集合 $B=\{-a\}$, 由此探讨上界与下界的互转关系, 上确界与下确界的互转关系, 最大值与最小值的互转关系.

1.2.2 要点讲解与注释

区间是直线上最简单且常用的集合, 它分为开区间 (a,b)、闭区间 $[a,b]$ 和半开半闭区间 $[a,b)$ 或 $(a,b]$, 区间可以是有界的 (此时 a 与 b 均为有限数), 也可以是无界的 (此时 a 与 b 至少有一个是无穷大), 但包含端点的闭区间一定是有界的. 无界区间又称为无穷大区间.

某一点 x 的邻域是一个以该点为中心的开区间 $(x-\delta,x+\delta)$, 其中 δ 为某正数, 称其为该邻域的半径, 它可以很小. 该邻域常称为点 x 的 δ 邻域, 记为 $U(x,\delta)$ 或 $U_\delta(x)$. 从该区间挖去该点所得集合 (记为 $U_\delta(x)\backslash\{x\}$ 或 $U_\delta(x)-\{x\}$) 称为该点的去心邻域或空心邻域, 记为 $U_\delta^\circ(x)$. 空心邻域实际上是两个开区间的并, 因此严格来说, 一个点的空心邻域已经不是该点的邻域了.

因为实数有大小之分, 所以实数集的子集就出现是否有上界、有下界的问题. 既有上界又有下界的集合才是有界集. 一个集合若有上界, 就有很多, 同样, 若有下界, 也会有很多. 于是一个很自然的问题就是: 一个有上界之集的所有上界之中是否有最小者, 即是否有上确界? 一个有下界之集的所有下界之中是否有最大者, 即是否有下确界? 下面的确界原理回答了这个问题.

确界原理 任一非空有上界集必有 (有限的) 上确界; 任一非空有下界集必有 (有限的) 下确界.

上确界和下确界是数学分析中出现的第一个新概念, 一定要正确理解. 上确界首先是一个上界, 其次, 任何比之较小者不再是上界. 因此, 上确界就是最小的上界. 同样, 下确界就是最大的下界. 于是, 上下确界都是唯一存在的. 为了方便, 我们约定无上界之集以正无穷为上确界, 无下界之集以负无穷为下确界. 但对空集, 我们不定义其上下确界. 这样一来, 确界原理可以改述为: 任一非空集合都有唯一的上确界和下确界.

这一节内容的重点是理解上下确界的概念以及确界原理的证明. 现在我们以上确界为例简述一下确界原理的证明及其思路.

设 S 为一非空有上界集, 则存在 $x_0\in S$, 且它以某整数 $N+1$ 为其不可达上界, 即对一切 $x\in S$ 有 $x<N+1$, 特别有 $[x_0]<N+1$. 于是, 下一步的任务就是在区间 $[[x_0],N+1)$ 上把 S 的上确界找出来, 并用一个无限小数表示的形式把它写出来. 为确定无限小数表示的第一个数, 考虑区间 $[[x_0],N+1]$ 的分点 $[x_0]+1,[x_0]+2,\cdots,N+1$, 它们之中必有 S 的最小不可达上界 (注意, 这里的最小是指在这些分点的范围内最小), 记其为 $n+1$, 其中 $[x_0]\leqslant n\leqslant N$ (注意, $N+1$ 已经是不可达上界, 而 $[x_0]$ 不是不可达上界), 则 n 不是 S 的不可达上界, 于是对一切 $x\in S$ 有 $x<n+1$, 但存在 $a_0\in S$, 使 $a_0\geqslant n$. 这个 n 就是所要找的第一个数.

区间 $[n,n+1]$ 有分点 $n.1,n.2,\cdots,n.9,n.9+10^{-1}$, 其中 $n.9+10^{-1}=n+1$, 与

上类似, 它们之中必有 S 的最小不可达上界, 记其为 $n.n_1+10^{-1}$, $0\leqslant n_1\leqslant 9$, 于是对一切 $x\in S$ 有 $x<n.n_1+10^{-1}$, 但存在 $a_1\in S$, 使 $a_1\geqslant n.n_1$.

这样继续下去, 每次都找出一个有理数, 它是那一步的最小的不可达上界, 这样就得到一个含有无穷个有理数之集 $\{n.n_1n_2\cdots n_k\mid k\geqslant 1\}$, 而且其元素是随着 k 的变大而不断增加的. 于是, 这个过程就产生一个无限小数表示, 即 $\eta=n.n_1n_2\cdots$, 则不难知道这个 η 就是所要找的上确界.

上述证明可以做一点调整：在第一步中 $x<N+1$ 改为 $x\leqslant N+1$, 区间 $[[x_0],N+1)$ 改为 $([x_0]-1,N+1]$, 则用同样方法找到的 n 满足：对一切 $x\in S$ 有 $x\leqslant n+1$, 但存在 $a_0\in S$, 使 $a_0>n$. 以后的每一步中 "不可达上界" 都改为 "上界", 用这种方法也得到 S 的上确界, 显然这样得到的上确界必与上面的相等, 但它们的无限小数表示的形式可能不同.

例如, 取 $S=[0,1]$, $x_0=0$, 则按原来的证法得到的上确界的无限小数表示是 $1.00\cdots$, 而按照调整后的证明所得的上确界之无限小数表示是 $0.99\cdots$. 而对集合 $S=[0,1)$, 两种证法所得的上确界之无限小数表示都是 $0.99\cdots$.

请读者思考：如果在确界原理的证明之初, 做这样的假设：设集合 S 含有一个非负数. 这样做合理吗？详之, 在这样做之前需要做一个什么样的补充说明？答案在下面的例 1.2.2 中.

确界原理是我们接触的实数理论的第一个基本定理, 其他的基本定理将以确界原理为基础推出来. 很多时候我们把确界原理视为明显的事实而经常不自觉地使用, 而对涉及上下确界的问题常常利用上下确界的定义, 下面给出几个简单的例子.

例 1.2.1　设 A 与 B 为非空集, 且 $A\subseteq B$, 则 $\sup A\leqslant\sup B$, $\inf A\geqslant\inf B$.

证明　所述结论几乎是很显然的事实. 由所设条件, $\forall x\in A$, 都有 $x\in B$, 从而由上确界定义, $x\leqslant\sup B$. 这表示 $\sup B$ 是集合 A 之上界, 故必有 $\sup A\leqslant\sup B$. 同理可证 $\inf A\geqslant\inf B$.

例 1.2.2　设 S 为非空集, c 为一常数, 记 $S+c=\{x+c|\ x\in S\}$, 则 $\inf(S+c)=\inf S+c$, $\sup(S+c)=\sup S+c$.

证明　只证 $\inf(S+c)=\inf S+c$. 不妨设 S 有下界. 由 $\inf S$ 的定义, 对一切 $x\in S$ 有 $x\geqslant\inf S$, 且对任意 $\varepsilon>0$, 存在 $x'\in S$ 使 $x'<\inf S+\varepsilon$. 于是, 有

$$\forall x\in S,\ x+c\geqslant\inf S+c,\ 且\ x'+c<\inf S+c+\varepsilon.$$

从而由 $\inf(S+c)$ 的定义即知 $\inf(S+c)=\inf S+c$.

例 1.2.3　设 A 与 B 为非空集, 且 $\forall x\in A$, $y\in B$ 均有 $x\leqslant y$, 则 $\sup A\leqslant\inf B$.

证明　任给 $y\in B$, 由假设知 $\forall x\in A$ 均有 $x\leqslant y$, 即 y 是 A 的上界, 于是由上确界定义立知 $\sup A\leqslant y$. 又由于 $y\in B$ 是任意的, 故 $\sup A$ 是 B 的一个下界, 进而由下确界的定义立知 $\sup A\leqslant\inf B$. 即为所证.

例 1.2.4 设 A 与 B 为非空数集, 定义 $A+B=\{x+y|\ x\in A, y\in B\}$, 则 $\sup(A+B)=\sup A+\sup B$, $\inf(A+B)=\inf A+\inf B$.

证明 只证第一式. 不妨设 A 与 B 均有上界. 首先由上确界之定义, $\forall x\in A$, $y\in B$ 均有 $x\leqslant\sup A$, $y\leqslant\sup B$, 又 $\forall\varepsilon>0$, $\exists x'\in A$, $y'\in B$ 使得 $x'>\sup A-\dfrac{\varepsilon}{2}$, $y'>\sup B-\dfrac{\varepsilon}{2}$, 于是 $x+y\leqslant\sup A+\sup B$, $x'+y'>\sup A+\sup B-\varepsilon$. 因此, 再由上确界定义知 $\sup A+\sup B$ 即为数集 $A+B$ 的上确界, 即有 $\sup(A+B)=\sup A+\sup B$. 得证.

一个集合的上确界 (下确界) 未必属于这个集合, 如果属于, 它就是这个集合的最大元 (最小元), 又称为最大数 (最小数) 或最大值 (最小值).

对给定集合 A, 定义集合 B 为 $B=\{-a|a\in A\}$. 易见, 这两个集合是关于原点对称的, 由此不难推断它们的上确界与下确界的关系.

上下确界是一个重要概念, 虽然在定义的表述上有点复杂, 但并不是很难理解. 然而, 在公式推导与结论证明中真正能够正确运用上下确界的概念还是需要下一番工夫的.

我们也已经看到, 这里对于确界原理的证明与文献 [1] 中的证明略有不同 (请读者比较一下异同), 此处证明中的关键是上下确界的构造过程. 与文献 [1] 中确界原理的证明相比, 我们在证明细节上给出了两点新的补充, 一是不必假设集合中含有非负元素, 尽管这个假设不失一般性, 通过一个平移就可以做到, 但需要说明所述集合平移之前的上确界和它平移之后的上确界之间的关系, 如上面例 1.2.2; 二是引入 "最小不可达上界" 的说法, 有效降低了证明的难度.

1.3 函数概念

1.3.1 基本问题

1. 函数是如何定义的? 与函数相关的概念有哪些? 函数的两个要素是什么? 如何理解两个函数相等?

2. 函数的表示有哪几种方法? 常见的是什么方法? 取整函数、符号函数、狄利克雷函数和黎曼函数分别是如何定义的?

3. 两个函数的四则运算是如何定义的, 运算的结果是什么? 两个函数的复合运算是如何定义的, 复合运算的结果是什么?

4. 反函数是如何定义的? 一个函数和它的反函数 (若有) 满足什么关系, 它们的图像有什么关系?

5. 什么是基本初等函数, 它们的图像如何, 它们的定义域和反函数各是什么? 什么是初等函数?

1.3.2　要点讲解与注释

函数是个非常重要的概念, 其含义从最初较模糊的纯文字描述到现在的含有文字与数学符号的精确表述, 前后经历了几百年的演变, 包含了历代许多著名数学家的努力. 简而言之, 函数就是作用于某一数集 D 上的一个法则 f, 记为 $f:\ D\to\mathbf{R}$, 或 $y=f(x),\ x\in D$, 其中 D 称为 f 的定义域. 因此, 有关函数概念的两个要素就是定义域和作用于定义域上的法则, 也就是说, 当论及一个函数时, 其定义域和该定义域上的法则一定要同时给出. 除了定义域, 涉及函数的还有其他相关的概念, 诸如自变量、因变量、函数值、值域等, 函数又称为映射, 相应的又有原像、像之概念.

因此, 不难理解, 两个函数相等当且仅当它们的定义域相等且在定义域上任一点处的函数值也相等. 例如, 对下列三个函数

$$f_1:\ [0,1]\to\mathbf{R},\ f_1(x)=\sin|x|,$$

$$f_2:\ [0,1]\to\mathbf{R},\ f_2(x)=\sin x,$$

$$f_3:\ \mathbf{R}\to\mathbf{R},\ f_3(x)=\sin x,$$

我们有 $f_1=f_2, f_2\neq f_3$. 另外, 我们注意到, 函数 f_3 的定义域已经饱和了 (即在不改变法则 $f_3(x)=\sin x$ 的条件下, 其定义域不能再扩大了), 这样的定义域就是它的存在域. 而 f_1 与 f_2 的定义域不处于饱和状态, 也即法则 $f_1(x)=\sin|x|$ 与 $f_2(x)=\sin x$ 的定义域都可以扩大, 最大可以扩大到 $\mathbf{R}$(需要注意的是, 扩大以后所得函数既不是 f_1, 也不是 f_2 了), 这样的定义域就不是它的存在域, 而是其存在域的真子集.

我们可以引用两个新名词 "限制" 和 "延拓" 来更加清楚地理解这个现象, 即 f_2 称为 f_3 的限制, 而 f_3 称为 f_2 的延拓.

给定一函数 $f:\ D\to\mathbf{R}$, 称平面点集

$$G=\{(x,y)|\ y=f(x),\ x\in D\}$$

为函数 f 的图像.

函数有几种不同的表示方式, 常见的函数一般是由解析表达式给出来的. 两个函数 (甚至更多个函数) 可以在它们定义域的公共部分 (即这些定义域之交集) 上进行加减乘除四则运算, 很显然, 运算的结果是一个新函数, 分别称为和函数、差函数、积函数和商函数.

两个函数 (甚至更多个函数) 在一定条件下可以产生一个新函数, 称为它们的复合, 我们可以把复合看成一种新的函数运算. 我们较深入地谈谈两个函数能够进行复合的条件. 设有函数 $f:\ D\to\mathbf{R}, y=f(u)$, 与 $g:\ E\to\mathbf{R}, u=g(x)$, 要使得复

合函数 $f(g(x))$ 有意义, 必须至少有一点 $x \in E$, 使得 $g(x) \in D$. 换句话说, 必须有 $g(E) \bigcap D$ 不空. 这等价于说, 必须有一个非空集 $E^* \subset E$, 使 $g(E^*) = g(E) \bigcap D$, 而满足这个条件的 E^* 可以具体写为 $E^* = \{x \in E |\ g(x) \in D\}$. 于是 $f \circ g$ 有定义的条件就是 $E^* \neq \varnothing$.

函数说的是因变量随自变量变化而改变的规律, 使得对每一个自变量之值, 都有唯一的因变量 (函数) 之值与之对应. 然而, 两个不同的自变量之值可能对应于同一个函数值. 例如, 考虑简单函数 $f(x) = |x|$, 对任意 $x > 0$, 与 x 和 $-x$ 对应的函数值都是 $|x|$. 现在, 我们考虑这样一类函数 $f: D \to \mathbf{R}$, 它使得不同的自变量对应于不同的函数值, 即对任何 $x_1 \neq x_2, x_1, x_2 \in D$, 都有 $f(x_1) \neq f(x_2)$, 我们称这样的函数是 D 到 $f(D)$ 的一一对应. 按照文献 [1] 中反函数的定义, 若 f 是 D 到 $f(D)$ 的一一对应, 则易见, 对任何 $y \in f(D)$, 方程 $f(x) = y$ 确定唯一的点 $x \in D$, 从而它必存在反函数, 记为 $f^{-1}: f(D) \to \mathbf{R}$, 且成立

$$f(x) = y \ \Leftrightarrow\ x = f^{-1}(y). \tag{1.2}$$

由此进一步可知 (上式中两式互相代入)

$$f(f^{-1}(y)) = y, \quad y \in f(D),$$

$$f^{-1}(f(x)) = x, \quad x \in D.$$

这表示 $f^{-1} \circ f: D \to \mathbf{R}$ 与 $f \circ f^{-1}: f(D) \to \mathbf{R}$ 均为恒等映射.

易见, 如果 f 是 D 到 $f(D)$ 的一一对应, 则 $f^{-1}: f(D) \to \mathbf{R}$ 是 $f(D)$ 到 D 的一一对应, 从而 $g = f^{-1}$ 就有反函数

$$g^{-1} = (f^{-1})^{-1}: D \to f(D),$$

且

$$f^{-1}(g^{-1}(x)) = g(g^{-1}(x)) = x, \quad x \in D.$$

于是, 由式 (1.2) 即有 $g^{-1}(x) = f(x), x \in D$. 这表示 $(f^{-1})^{-1} = f$.

函数和反函数是一对相对立的概念, 这是一种由于自变量与因变量角色相互转换而产生的现象. 当反函数存在时, 原则上, 可以通过解方程 $y = f(x)$ 求得 $x = f^{-1}(y)$. 然而, 实际上, 很多时候反函数是难以解出来的.

考察线性函数 $y = kx, x \in \mathbf{R}$. 显然可解得 $x = \dfrac{1}{k}y$, 因为习惯上我们用 x 表示自变量, 因此, 线性函数 $y = kx$ 的反函数为线性函数 $y = \dfrac{1}{k}x$, 这两个函数在同一平面上的图像关于直线 $y = x$ 对称. 又易知, 二次函数 $y = x^2 + 1$(其中 $x \geqslant 0$)

的反函数为 $y=\sqrt{x-1}$(其中 $x\geqslant 1$), 它们在同一平面上的图像也关于直线 $y=x$ 对称, 如图 1.1 所示. 这一性质具有一般性, 即任一函数 $f:D\to\mathbf{R}$ 与其反函数 $f^{-1}:f(D)\to\mathbf{R}$(若存在) 在同一平面上的图像关于直线 $y=x$ 对称. 事实上, 设 L 与 $\tilde{L}$ 分别表示函数 f 与 f^{-1} 的图像, 则

$$L=\{(x,f(x))|\ x\in D\},\quad \tilde{L}=\{(x,f^{-1}(x))|\ x\in f(D)\}.$$

注意到任一点 $A(x,y)$ 关于直线 $y=x$ 的对称点为 $\tilde{A}(y,x)$, 易知, 当 $A\in L$ 时必有 $\tilde{A}\in\tilde{L}$, 反之亦然. 因此曲线 L 与 $\tilde{L}$ 关于直线 $y=x$ 是对称的.

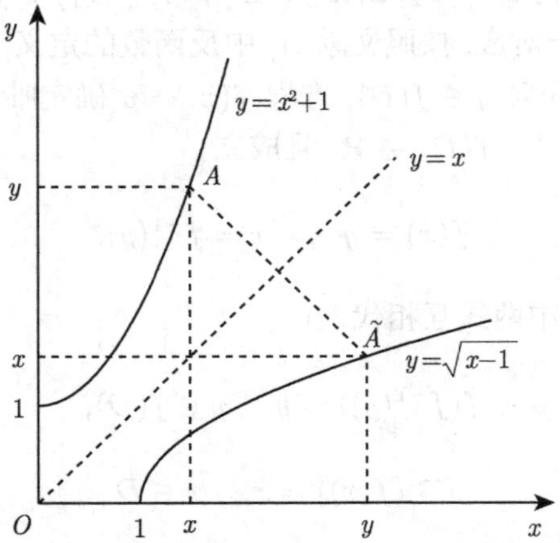

图 1.1　函数 $y=x^2+1(x\geqslant 0)$ 及其反函数的图像

基本初等函数共有六类, 即常数函数、幂函数、指数、对数函数、三角函数和反三角函数, 它们的定义域都是自然存在域, 其中前四类中每一类都有无穷多个函数, 而后两类各有四个明确又具体的函数. 从概念上讲, 指数函数与对数函数互为反函数, 三角函数与反三角函数互为反函数, 幂函数的反函数仍为幂函数 (这一点在 1.4 节有详细论述, 见例 1.4.6), 常数函数没有反函数. 这六类函数中, 幂函数的定义域较为复杂, 它有下列四种可能: $\mathbf{R}$, $[0,+\infty)$, $(0,+\infty)$, 以及 $(-\infty,0)\bigcup(0,+\infty)$, 视这个函数的幂为无理数还是有理数以及其正负而定. 相应地, 幂函数的值域也跟它的幂有关. 其他五类基本初等函数的定义域和值域都很简单. 我们不必刻意去硬记这些函数的值域, 等到以后学了函数极限, 每一个具体的基本初等函数的值域一眼就会看出来的.

基本初等函数经过有限次的加减乘除和复合运算之后所得的函数称为初等函数, 因此, 初等函数是有很多的, 初等函数是我们要研究的基本对象. 基于初等函数, 我们可以构造出很多很多的非初等函数.

考察函数 $f(x)=|x|$, 这个函数是不是初等函数呢？只要注意到恒等式 $\sqrt{x^2}=$

$|x|$, 由初等函数的定义即知这个函数是初等函数. 而由恒等式 $|x| = x\,\mathrm{sgn}\,x$, 其中 $\mathrm{sgn}\,x$ 表示符号函数, 可知函数 $\mathrm{sgn}\,x$ 限制在 $x \neq 0$ 上是初等函数 $\left(\text{因为此时 } \mathrm{sgn}\,x = \dfrac{\sqrt{x^2}}{x}\right)$. 但在其定义域 $\mathbf{R}$ 上, 符号函数不是初等函数, 原因是符号函数是一个出现跳跃 (即不连续) 的分段函数, 而有跳跃的分段函数都不是初等函数. 这一结论是第 4 章中初等函数连续性定理的十分显然的推论.

这里我们做一点评注. 这一节主要介绍函数及其四则运算和复合等, 函数概念涉及两个关键因素, 即定义域和对应法则. 为了便于理解反函数的概念, 我们首先引出了一一对应的定义, 这是一类满足 "自变量不同, 对应的函数值也不同" 的函数. 之后, 对一一对应引出了反函数的概念, 于是一个函数存在反函数当且仅当它是一个一一对应. 进一步我们又详细证明, 一函数之反函数的反函数就等于它自身. 补充这些概念和细节, 可以更好地理解课本内容.

在这一节我们还回顾了中学里学过的六类基本初等函数, 在学习了实数和确界概念之后, 我们才更加明确了它们的意义. 在以后各章里我们将探索这些初等函数的更多性质. 可以说, 数学分析这门课程的主要任务就是研究函数的各种性质, 这门课程是诸多后续课程的必备基础.

附注：函数概念的发展史简介

根据文献 [3]~[7] 早期函数的概念可以追溯到 14 世纪, 而变量的概念最早是法国数学家笛卡儿 (R. Descartes, 1596—1650) 在他创立解析几何的著作《几何学》中引入的, 但在数学上变量这个词最先出现于瑞士数学家约翰·伯努利 (J. Bernoulli, 1667—1748) 在 1718 年对函数所给出的定义中, 在此之前, 第一个把 "函数"(function) 作为数学术语的则是德国数学家莱布尼茨 (G.W. Leibniz, 1646—1716), 他用该词表示曲线上点的横坐标、纵坐标、切线长等曲线上点的有关几何量. 与此同时, 牛顿在微积分的讨论中, 使用 "流量" 来表示变量间的关系.

在 1755 年, 瑞士数学家欧拉 (L. Euler, 1707—1783) 把约翰·伯努利给出的函数定义称为解析函数, 并进一步把它区分为代数函数和超越函数, 这比约翰·伯努利的定义更普遍、更具有广泛意义. 在 1821 年, 法国数学家柯西 (A. L. Cauchy, 1789—1857) 从定义变量起给出了函数的定义, 并首先出现了自变量一词. 几乎同时, 法国数学家傅里叶 (J. B. J. Fourier, 1768—1830) 于 1822 年也给出了函数的定义, 德国数学家狄利克雷 (P. G. L. Dirichlet, 1805—1859) 于 1837 年又给出了函数的定义. 之后, 又有多位数学家相继给出函数的定义. 这些定义都在不同程度上拓广了前人所认识的函数的概念, 并且基本上准确地表达出了函数的含义.

等到德国数学家康托尔创立的集合论在数学中占有重要地位之后, 美国数学家维布伦 (O. Veblen, 1880—1960) 用 "集合" 和 "对应" 的概念给出了近代函数定义,通过集合概念把函数的对应关系、定义域及值域进一步具体化了, 且打破了 "变量是数" 的限制, 即变量可以是数, 也可以是其他对象. 1930 年尼古拉 • 布尔巴基 (N. Bourbaki)(这是 20 世纪一群法国数学家的笔名) 给出了新的函数之定义: "设有两个集合 M 与 N, 若对集合 M 的任意元素 x, 总有集合 N 中唯一的元素 y 与之对应, 记为 $y=f(x)$, 则称在集合 M 上定义一个函数. 元素 x 称为自变元, 元素 y 称为因变元. " 目前, 数学书中所采用的函数定义都是这个定义的变形.

1.4 具有某些特性的函数

1.4.1 基本问题

1. 什么是有上界函数、无上界函数、有下界函数、无下界函数、有界函数和无界函数? 你能否利用集合的有界性等给出不同于课本的无上界函数、无下界函数和无界函数的等价定义? 什么是函数的上确界和下确界? 试给出例子.

2. 什么是 (单调) 增函数、严格增函数、(单调) 减函数、严格减函数, 这些函数的图像有何特点?

3. 反函数存在定理是怎么说的, 怎么证的, 其条件是必要的吗?

4. 什么是奇函数、偶函数、周期函数, 它们的图像各有何特点?

5. 指数函数的单调性如何? 三角函数的奇偶性如何?

1.4.2 要点讲解与注释

文献 [1] 中分别利用函数值有上界或有下界给出了有上界函数、有下界函数和有界函数的定义, 也说明了如何类似地给出无上界函数、无下界函数以及无界函数的定义, 这些定义都是容易理解的. 从这些定义可以看出, 一个函数要么是有上界的, 要么是无上界的; 同理, 一个函数要么是有下界的, 要么是无下界的; 一个函数要么是有界的, 要么是无界的. 既然这样, 我们可以把这些概念一并给出, 例如, 称一个函数为无上界的, 如果它不是有上界函数. 也可以利用函数的值域 $f(D)$ 是不是有上界来定义该函数是不是有上界函数. 例如, 如果 $f: D\to\mathbf{R}$ 的值域 $f(D)$ 是有上界集, 则称其为有上界函数. 不过此时, 就要进一步明确 $f: D\to\mathbf{R}$ 有上界当且仅当存在正数 $M>0$, 使对一切 $x\in D$, $f(x)<M$; 而 f 无上界当且仅当对任意正整数 n, 都存在 $x_n\in D$ 使 $f(x_n)>n$.

利用函数值域的上下确界可以较简洁地刻画这些概念, 即有以下概念.

(1) 函数 $f: D\to\mathbf{R}$ 在 D 上有上界 (或无上界) 当且仅当 $\sup f(D)<+\infty$(或 $\sup f(D)=+\infty$);

(2) 函数 $f: D\to\mathbf{R}$ 在 D 上有下界 (或无下界) 当且仅当 $\inf f(D)>-\infty$(或 $\inf f(D)=-\infty$);

(3) 函数 $f: D \to \mathbf{R}$ 在 D 上有界 (或无界) 当且仅当 $\sup f(D)$ 与 $\inf f(D)$ 均有限 (或 $\sup f(D)$ 与 $\inf f(D)$ 至少之一为无穷大).

量 $\sup f(D)$ 与 $\inf f(D)$ 分别称为函数 f 在 D 上的上确界和下确界, 并记为

$$\sup f(D) = \sup_{x\in D} f(x), \quad \inf f(D) = \inf_{x\in D} f(x).$$

例 1.4.1 考察函数 $f(x) = \frac{1}{x}\sin\frac{1}{x}$, $x > 0$ 的有界性.

解 这是一个初等函数, 它是不是有界, 要考察的关键点是定义域的端点. 当 x 远离端点 0 时, 例如 $x \geqslant 1$, 我们有 $|f(x)| \leqslant \frac{1}{x} \leqslant 1$, 这说明在区间 $x \geqslant 1$ 上 f 是有界的. 当 x 在 0 附近时, 我们知道 x 越小, 因子 $\frac{1}{x}$ 就越大, 而另一因子 $\sin\frac{1}{x}$ 既可正又可负, 并且不总在 0 附近, 因此, 不难看出 $\sup\limits_{x>0} f(x) = +\infty$, $\inf\limits_{x>0} f(x) = -\infty$. 现以后者为例具体证之.

考虑在 0 点附近满足方程 $\sin\frac{1}{x} = -1$ 的点, 易知这样的点具有形式 $x = \left(2k\pi + \frac{3\pi}{2}\right)^{-1} \equiv x_k$, 其中 k 为正整数, 很显然, k 越大, 这样的 x_k 就越小, 而 $\frac{1}{x_k}$ 就随之越大, 而且没有上界. 注意到 $f(x_k) = -\frac{1}{x_k}$, 于是, 任给正数 M, 必可找到很小的正数 x, 使有 $f(x) < -M$, 这表明 f 无下界, 即 $\inf\limits_{x>0} f(x) = -\infty$. 函数 $y = \frac{1}{x}\sin\frac{1}{x} (x > 0)$ 的图像如图 1.2 所示.

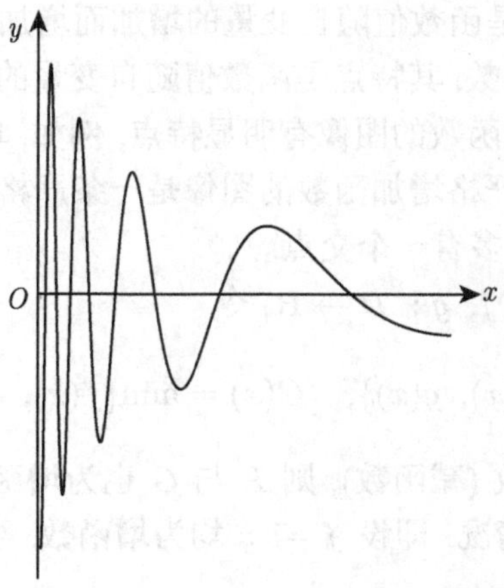

图 1.2 函数 $y = \frac{1}{x}\sin\frac{1}{x} (x > 0)$ 的图像

例 1.4.2　设有函数 $f,\ g:\ D \to \mathbf{R}$, 且对一切 $x \in D$ 成立 $f(x) \leqslant g(x)$, 则有

$$\sup_{x\in D} f(x) \leqslant \sup_{x\in D} g(x), \quad \inf_{x\in D} f(x) \leqslant \inf_{x\in D} g(x).$$

上式表示不等式两边分别取上确界和下确界后仍保持成立.

证明　今以第二式为例证之. 我们提供两种证法, 一是直接证明结论, 另一是用反证法.

证法 1. 由下确界的定义知, 对任意 $x \in D$, 均有 $\inf\limits_{x\in D} f(x) \leqslant f(x)$, 于是, 由假设可知, 对任意 $x \in D$, $\inf\limits_{x\in D} f(x) \leqslant g(x)$, 这表明 $\inf\limits_{x\in D} f(x)$ 是 g 的值域 $g(D)$ 的下界, 从而它不超过 $g(D)$ 的下确界, 即有 $\inf\limits_{x\in D} f(x) \leqslant \inf\limits_{x\in D} g(x)$.

证法 2. 设 $\inf\limits_{x\in D} f(x) > \inf\limits_{x\in D} g(x)$. 由下确界的定义, 任何大于 $\inf\limits_{x\in D} g(x)$ 的量都不是 g 的值域 $g(D)$ 的下界, 故存在 $x_0 \in D$ 使 $g(x_0) < \inf\limits_{x\in D} f(x)$, 因为对任意 $x \in D$ 都有 $\inf\limits_{x\in D} f(x) \leqslant f(x)$, 故有 $g(x_0) < f(x_0)$, 这与假设矛盾.

从上述例子的证明过程可见, 我们需要正确理解和熟练运用一个函数在其定义域上的上确界和下确界的含义. 我们不仅要清楚上确界和下确界分别满足什么条件, 还要清楚一个量当不是上确界或下确界时它具有什么特性.

对上例再做一点延伸: 如果对一切 $x \in D$ 成立 $f(x) < g(x)$, 是否有

$$\sup_{x\in D} f(x) < \sup_{x\in D} g(x), \quad \inf_{x\in D} f(x) < \inf_{x\in D} g(x)\ ?$$

为什么?

单调函数是一类常见且重要的函数, 特别是严格单调函数. 单调函数分为两类, 一是单调增函数, 其特点是函数值随自变量的增加而增加 (当严格增加时就是严格增函数); 另一是单调减函数, 其特点是函数值随自变量的增加而减少 (当严格减少时就是严格减函数). 单调函数的图像有明显特点, 例如, 单调增加函数的图像就是一条一直上升的曲线, 而严格增加函数的图像是一条严格上升的曲线, 使得任一水平直线跟这样的曲线都至多有一个交点.

例 1.4.3　设有函数 $f,\ g:\ D \to \mathbf{R}$, 令

$$F(x) = \max\{f(x),\ g(x)\}, \quad G(x) = \min\{f(x),\ g(x)\}, \quad x \in D.$$

试证若 f 与 g 均为增函数 (减函数), 则 F 与 G 也为增函数 (减函数).

证明　只证括号外情况, 即设 f 与 g 均为增函数, 要证 F 与 G 也为增函数. 设 $x_1 < x_2$, 则由假设知

$$f(x_1) \leqslant f(x_2), \quad g(x_1) \leqslant g(x_2).$$

为了便于理解, 不妨设 $f(x_1) \leqslant g(x_1)$(注: 由于 f 与 g 的地位是对称的平等的, 这样做是可以的, 其目的是使下面的证明变得比较清晰易懂), 于是 $f(x_1) \leqslant g(x_2)$, 结合 $f(x_1) \leqslant f(x_2)$, 这就给出 $f(x_1) \leqslant \min\{f(x_2), g(x_2)\} = G(x_2)$, 从而 $G(x_1) = f(x_1) \leqslant G(x_2)$. 又易知

$$F(x_1) = g(x_1) \leqslant g(x_2) \leqslant \max\{f(x_2), g(x_2)\} = F(x_2).$$

即得证 F 与 G 都是 D 上的增函数.

根据反函数的定义, 如果 $f: D \to \mathbf{R}$ 满足: 自变量在 D 中取不同的值, 就得到 f 在 $f(D)$ 中不同的函数值, 那么 f 的反函数 $f^{-1}: f(D) \to \mathbf{R}$ 一定存在. 而由严格单调函数的定义易知, 如果 f 是 D 上的严格单调函数, 那么它一定满足: 自变量在 D 中取不同的值, 就得到 f 在 $f(D)$ 中不同的函数值, 因此, 严格单调函数一定存在反函数. 此外, 易见反函数 f^{-1} 与 f 有相同的单调性. 这样我们就得到了下列所谓的反函数存在定理.

反函数存在定理 任一严格单调函数必有反函数, 而且它们有相同的单调性.

需要指出的是, 函数严格单调只是其反函数存在的充分条件, 而不是必要条件, 见例 1.4.4.

例 1.4.4 研究函数 $f(x) = \dfrac{1}{x}, x \neq 0$ 的单调性和反函数.

解 易见这个函数在区间 $(-\infty, 0)$ 与 $(0, +\infty)$ 上都是单调的, 但在并集 $(-\infty, 0) \bigcup (0, +\infty)$ 上却不是单调的. 然而, 它在这个并集上存在反函数, 且 $f^{-1}(x) = \dfrac{1}{x}$. 我们还注意到这个函数是奇函数, 这一类函数的图像是关于原点对称的 (即图像绕原点旋转 180° 后与原来完全重合, 或者说图像上任一点 $A(x, y)$ 关于原点的对称点 $A'(-x, -y)$ 也在图像上).

上述例子中函数的定义域不是一个完整的区间, 事实上, 定义在一个区间上且存在反函数的非单调函数也是存在的, 例如, 由下式定义的分段函数 $f: (0, 2) \to (0, 1] \bigcup (2, 3)$ 就是这样的函数:

$$f(x) = \begin{cases} x, & x \in (0, 1], \\ 4 - x, & x \in (1, 2). \end{cases}$$

读者画出其图像, 一看就明白了. 事实上, 这个函数就是为了能够得出这样一个图而构造出来的. 另一个存在反函数的非单调函数之例是

$$f(x) = \begin{cases} x, & x \in (0, 1), \\ 1, & x = 0, \\ 0, & x = 1. \end{cases}$$

又易证以下例题 (请读者自行给出).

例 1.4.5 设 f 与 g 为两个严格单调函数, 且 f 为严格增的, 则当 g 为严格增 (严格减) 时, 它们的复合函数 $f\circ g$ 是严格增 (严格减) 的.

下面我们来认识一下指数函数、对数函数和有理幂函数的单调性.

设 $a>0,\ a\neq 1$. 首先利用方程 $b^m=a$ 的唯一正解来定义 b(注: 这一结论并非显然, 其证明可见文献 [2] 的绪论第 4 节, 而在本书的例 4.2.2 中我们利用连续函数的性质可给出这一结论的简洁证明), 记其为 $b=a^{\frac{1}{m}}$. 于是, $\left(a^{\frac{1}{m}}\right)^m=a$, 在此式中把 a 换成 a^m 又给出 $\left[(a^m)^{\frac{1}{m}}\right]^m=a^m$. 利用这两个等式可得

$$\left[\left(a^{\frac{1}{m}}\right)^m\right]^m=a^m=\left[(a^m)^{\frac{1}{m}}\right]^m,$$

于是由解的唯一性知

$$(a^m)^{\frac{1}{m}}=\left(a^{\frac{1}{m}}\right)^m=a. \tag{1.3}$$

现设 r 为有理数. 如果 $r=\dfrac{n}{m}\geqslant 0$, 则定义 $a^r=(a^n)^{\frac{1}{m}}$. 利用式 (1.3), 我们有

$$\left[(a^n)^{\frac{1}{m}}\right]^m=a^n=\left[\left(a^{\frac{1}{m}}\right)^m\right]^n=\left(a^{\frac{1}{m}}\right)^{nm}=\left[\left(a^{\frac{1}{m}}\right)^n\right]^m,$$

从而有

$$(a^n)^{\frac{1}{m}}=\left(a^{\frac{1}{m}}\right)^n=a^{\frac{n}{m}}. \tag{1.4}$$

如果 $r<0$, 则利用 $a^r=(a^{-1})^{-r}$ 来定义 a^r. 可证, 若 n 为正整数, 则

$$a^{-n}=(a^{-1})^n=(a^n)^{-1},\quad a^{-\frac{1}{n}}=(a^{-1})^{\frac{1}{n}}=(a^{\frac{1}{n}})^{-1}. \tag{1.5}$$

事实上, 由定义知

$$a^{-n}=(a^{-1})^n=\frac{1}{a}\cdots\frac{1}{a}=\frac{1}{a^n}=(a^n)^{-1},$$

即得式 (1.5) 第一式. 进一步利用该式及式 (1.3) 可得

$$[(a^{-1})^{\frac{1}{n}}]^n=a^{-1}=[(a^{\frac{1}{n}})^n]^{-1}=[(a^{\frac{1}{n}})^{-1}]^n.$$

于是, $(a^{-1})^{\frac{1}{n}}=(a^{\frac{1}{n}})^{-1}$. 即得式 (1.5) 第二式. 利用式 (1.4) 与式 (1.5) 可证, 如果 $r=\dfrac{n}{m}<0$, 则式 (1.4) 仍成立. 例如, 对 $n>0,\ m<0$ 之情形有

$$a^{\frac{n}{m}}=(a^{-1})^{\frac{n}{-m}}=\left[\left(a^{-1}\right)^n\right]^{\frac{1}{-m}}=\left[(a^n)^{-1}\right]^{\frac{1}{-m}}=(a^n)^{\frac{1}{m}},$$

以及

$$a^{\frac{n}{m}}=(a^{-1})^{\frac{n}{-m}}=\left[(a^{-1})^{\frac{1}{-m}}\right]^n=\left(a^{\frac{1}{m}}\right)^n,$$

故当 $n > 0, m < 0$ 时有 $(a^n)^{\frac{1}{m}} = \left(a^{\frac{1}{m}}\right)^n$. 同理可证此式对 $n < 0, m > 0$ 也成立, 即式 (1.4) 对任意非零整数 m 与 n 都成立.

由上面 a^r 的定义与例 1.4.5, 并注意到整数幂函数 $y = x^n$ 及其反函数 $y = x^{\frac{1}{n}}$ 在 $x > 0$ 都是严格单调的, 可知成立以下结论.

例 1.4.6 有理幂函数 $y = x^{\frac{n}{m}}$ 在 $x > 0$ 上有定义, 而且是严格单调的, 其中 n 与 m 为非零整数.

进一步利用式 (1.4) 与例 1.4.6 可证以下例题.

例 1.4.7 设 $a > 0, a \neq 1$, 则

(1) 对任何有理数 r_1 与 r_2, 成立 $a^{r_1+r_2} = a^{r_1} \cdot a^{r_2}, (a^{r_1})^{r_2} = a^{r_1 r_2}$;

(2) 有理幂指数函数 a^r 关于有理数 r 是严格单调的.

证明 (1) 设 $r_1 = n/m, r_2 = p/q$, 则

$$a^{r_1} \cdot a^{r_2} = a^{\frac{nq}{mq}} \cdot a^{\frac{mp}{mq}} = \left(a^{\frac{1}{mq}}\right)^{nq} \cdot \left(a^{\frac{1}{mq}}\right)^{mp} = \left(a^{\frac{1}{mq}}\right)^{nq+mp} = a^{\frac{nq+mp}{mq}} = a^{r_1+r_2}.$$

同样, 由式 (1.4) 可知

$$(a^{r_1 r_2})^{mq} = a^{np} = (a^n)^{\frac{1}{m}pm} = \left(a^{\frac{n}{m}}\right)^{pm} = [(a^{r_1})^{r_2}]^{mq},$$

于是 $(a^{r_1})^{r_2} = a^{r_1 r_2}$. 即得结论 (1).

(2) 由 (1) 知 $(a^r)^{-1} = (a^{-1})^r$, 故不妨设 $a > 1$. 由 (1) 知, 若 r_1 与 r_2 为两个有理数, 且 $r_1 < r_2$, 则 $a^{r_1} - a^{r_2} = a^{r_1}(1 - a^{r_0})$, 其中 $r_0 = r_2 - r_1 > 0$. 于是只需证 $a^{r_0} > 1$. 为此, 考虑有理幂函数 $f(x) = x^{r_0}$, 由例 1.4.6 知该函数是严格增加的, 故对 $a > 1$ 有 $f(a) > f(1)$, 即 $a^{r_0} > 1$.

下面我们来完成指数函数的定义. 对任意无理数 β, 我们利用下式来定义 a^β.

$$a^\beta = \begin{cases} \sup\limits_{r<\beta}\{a^r \mid r\text{为有理数}\}, & a > 1, \\ \inf\limits_{r<\beta}\{a^r \mid r\text{为有理数}\}, & a < 1. \end{cases}$$

注意 a^β 的定义方式不是唯一的, 例如, 对 $a > 1$ 这里是利用对 $r < \beta$ 取上确界, 我们也可以对 $r > \beta$ 取下确界. 又假设 a^β 对 $a > 1$ 已定义, 而对 $a < 1$, 可以利用 $a^\beta = (a^{-1})^{-\beta}$ 来定义 a^β. 毫无疑问, 这些变形不会引起本质的变化. 但一旦选定了一种定义方式, 则有关论证就要从这种定义出发.

由上述定义, 对任何实数 $\alpha \neq 0$, 幂函数 x^α 在 $x > 0$ 上就有定义了, 即

$$x^\alpha = \begin{cases} 1, & x = 1, \\ \sup\limits_{r\leqslant\alpha}\{x^r \mid r\text{为有理数}\}, & x > 1, \\ \inf\limits_{r\leqslant\alpha}\{x^r \mid r\text{为有理数}\}, & 0 < x < 1. \end{cases}$$

由于函数 a^x 在有理数集上关于 x 是严格单调的 (例 1.4.7), 所以利用上述定义和有理数的稠密性易证以下结论.

例 1.4.8 设 $a > 0$, $a \neq 1$, 则指数函数 a^x 在实数集上是严格单调的.

证明 我们证明当 $a > 1(a < 1)$ 时函数 a^x 在实数集上是严格增加 (严格减少) 的. 由类似性, 我们以 $a > 1$ 为例证之. 设 x_1 与 x_2 为两个实数, 且 $x_1 < x_2$, 由有理数的稠密性可知必有两个有理数 r_1 与 r_2, 使得 $x_1 < r_1 < r_2 < x_2$. 由例 1.4.7 知 $a^{r_1} < a^{r_2}$, 且对小于 x_1 的任意有理数 r 均有 $a^r < a^{r_1}$, 于是由指数函数之定义就有

$$a^{x_1} = \sup_{r<x_1} \{a^r | r\text{为有理数}\} \leqslant a^{r_1}.$$

同理成立 $a^{r_2} \leqslant a^{x_2}$, 故有 $a^{x_1} < a^{x_2}$. 即为所证.

指数函数的值域记为 J. 在后面证明了该函数的连续性后可知 $J = (0, +\infty)$. 于是, 由反函数存在定理知, 对数函数 $\log_a x$ 在 J 上也是严格单调的, 且当 $a > 1(0 < a < 1)$ 时它是严格增 (严格减) 的. 此外, 成立下列恒等式:

$$a^{\log_a x} = x, \ x \in J; \quad \log_a a^x = x, \ x \in \mathbf{R}. \tag{1.6}$$

特别有

$$x = \mathrm{e}^{\ln x}, \ x \in J; \quad \ln \mathrm{e}^x = x, \ x \in \mathbf{R}.$$

除了单调函数, 具有特殊性质的函数还有奇函数、偶函数和周期函数等. 易知定义于区间 $(-a, a)$ 上的任一函数 f 都可以分解为一个奇函数和一个偶函数之和. 事实上,

$$f(x) = f_1(x) + f_2(x), \quad f_1(x) = [f(x) - f(-x)]/2, \ f_2(x) = [f(x) + f(-x)]/2.$$

又, 任一函数都可以分解为一个非负函数和一个非正函数之和 (请读者自己给出. 提示: 利用函数的绝对值).

我们再强调一下对有界函数与无界函数的概念之定义. 我们可以给出与文献 [1] 不同的方式, 利用函数的值域的有界性来定义有上 (下) 界函数、无上 (下) 界函数、有界函数和无界函数, 例如, 如果 $f: D \to \mathbf{R}$ 的值域 $f(D)$ 是有上界集, 则称其为有上界函数. 这种定义方法似乎更自然一些.

这里特别提醒, 文献 [1] 中出现的公式 (2), 即

$$\log_a x^\alpha = \alpha \log_a x \quad (a > 0, \ a \neq 1, \ x > 0) \tag{1.7}$$

是中学里学过的, 但要到学完了第 4 章才能证明它.

我们已经学完了第 1 章, 为了加深理解和巩固提高, 请读者再认真地看一遍教材里这一章的内容, 特别是理解和掌握所学过的所有概念和结论, 再看一遍本书的

基本问题和注释. 在读书的过程中还要想一想你对哪些内容的表述感到满意和欣赏, 又对哪些内容的表述感到不满意, 你认为怎么修改更好等, 你可以直接写下来这些感受. 请记住: 读数学书一定要精读细品, 并做到搞懂细节、理清思路、不留疑问. 当然, 可能读两三遍甚至四五遍才能达到这个效果. 其实, 每看一遍, 必有新得, 读三遍能够达到这个效果已经很好了, 读书就是这样的. 学习数学分析, 一个十分重要的事情是做足够量的练习题. 做练习题要舍得花时间去思考. 做一道题, 差不多跟写作文一样, 要力求讲明道理. 数学分析的内容可以概括为三件事: 概念、定理、例题, 每一样都需要认真理解和体会, 这就像三道菜, 每日习之, 就会在不知不觉中成长.

学数学没有捷径可走, 我的学习经验是要做到下面几点.

(1) 概念清楚: 正确理解概念, 认清其数学含义, 包括表述的多样性和几何意义等.

(2) 思路清楚: 认真理解每一个推理过程, 认清解题思路, 特别是要清楚要干什么, 也要清楚采用什么方法和途径来解决问题.

(3) 多看多想: 如果有某处看不懂 (这是经常发生的事情), 就要反复看几遍, 多想一想, 并且可以通过动手作图或补充一些推理过程来化解难度、克服困难.

(4) 深层挖掘: 看懂了定理证明, 还要进一步分析定理的条件和结论, 搞清楚每一个条件的作用和定理结论的用途, 细心领会并能灵活运用定理结论以及其证明思想解决相关问题.

要有意识地努力培养上述读书习惯, 这样做必能不断提高学习能力, 必能不断增强自身实力, 必会使自己终身受益.

1.5　第 1 章测试题与提示

1.5.1　测试题

1. 设 p 为正整数, 求证: 若 p 不是完全平方数, 则 $\sqrt{p}$ 是无理数.

2. 设 f, g 和 h 为 $\mathbf{R}$ 上的增函数, 满足 $f(x) \leqslant g(x) \leqslant h(x)$. 求证 $f(f(x)) \leqslant g(g(x)) \leqslant h(h(x))$.

3. 设 f, g 为 D 上的非负有界函数, 求证

(1) $\inf\limits_{x\in D} f(x) \cdot \inf\limits_{x\in D} g(x) \leqslant \inf\limits_{x\in D}\{f(x)g(x)\}$;

(2) $\sup\limits_{x\in D}\{f(x)g(x)\} \leqslant \sup\limits_{x\in D} f(x) \cdot \sup\limits_{x\in D} g(x)$.

4. 设 $f\left(\dfrac{x}{x-1}\right)=\dfrac{3x-1}{3x+1}$, 求 $f(x)$.

5. 设 $S=\{x|x\in\mathbf{Q},\ x^2<3\}$, 其中 $\mathbf{Q}$ 为有理数集, 求证

(1) S 没有最大数和最小数;

(2) S 的上确界和下确界不在 $\mathbf{Q}$ 内.

6. 设有函数 $f: D \to \mathbf{R}$, 证明

$$\inf_{x\in D}(-f(x)) = -\sup_{x\in D} f(x), \quad \sup_{x\in D}(-f(x)) = -\inf_{x\in D} f(x).$$

7. 设 f, g 为 D 上的有界函数, 求证

(1) $\inf\limits_{x\in D}\{f(x)+g(x)\} \leqslant \inf\limits_{x\in D} f(x) + \sup\limits_{x\in D} g(x)$;

(2) $\sup\limits_{x\in D} f(x) + \inf\limits_{x\in D} g(x) \leqslant \sup\limits_{x\in D}\{f(x)+g(x)\}$.

1.5.2 提示

1. 利用结论: 若正整数 m, n 是互素的, 则存在整数 u, v 使 $mu+nv=1$.

2. 直接利用增函数定义.

3. 由确界定义易见 $\inf\limits_{x\in D} f(x)\cdot \inf\limits_{x\in D} g(x)$ 是 $f(x)g(x)$ 的一个下界, 而 $\sup\limits_{x\in D} f(x)\cdot \sup\limits_{x\in D} g(x)$ 是 $f(x)g(x)$ 的一个上界. 由此, 再由确界定义即得.

4. 此题的一般形式是: 设 $F(x)=f(g(x))$, 其中 g 为严格单调函数, 试求函数 f 的表达式. 求解方法如下: 令 $u=g(x)$, 则 $x=g^{-1}(u)$, 于是有 $f(u)=F(g^{-1}(u))$.

5. 若 $r>0$ 为满足 $r^2<3$ 的有理数, 则在 $-\sqrt{3}$ 与 $-r$ 之间, 以及 r 与 $\sqrt{3}$ 之间均有无穷多个有理数. 又显然 $\pm\sqrt{3}$ 均不在 S 内.

6. 利用确界定义.

7. (1) 先证 $\inf\limits_{x\in D} f_1(x) + \inf\limits_{x\in D} f_2(x) \leqslant \inf\limits_{x\in D}\{f_1(x)+f_2(x)\}$; 再利用题 6 的结论.

(2) 先证 $\sup\limits_{x\in D} f_1(x) + \sup\limits_{x\in D} f_2(x) \geqslant \sup\limits_{x\in D}\{f_1(x)+f_2(x)\}$; 再利用题 6 的结论.

第2章 数列极限

2.1 数列极限概念

2.1.1 基本问题

1. 什么是数列?

2. 什么是极限、收敛数列、发散数列?

3. 收敛数列举例:

(1) $\lim\limits_{n\to\infty}\dfrac{1}{n^p}=0$, 其中 $p>0$;

(2) $\lim\limits_{n\to\infty}q^n=0$, 其中 $0<|q|<1$;

(3) $\lim\limits_{n\to\infty}\sqrt[n]{a}=1$, 其中 $a>0$;

(4) 设有一数列, 则分别取偶下标和奇下标可得两个 (子) 数列, 试证明: 前者收敛当且仅当后两者收敛于同一极限.

4. 思考与领会: 在上述例子中利用定义验证或证明极限时, 任给正数 ε, 如何采用倒推法找出依赖于 ε 的正整数 (或正数) $N=N(\varepsilon)$?

5. 什么是无穷小数列和无穷大数列? 它们之间有何关系? 无穷小数列与收敛数列的关系如何?

2.1.2 要点讲解与注释

我们已经熟悉了函数的概念, 所涉及的两个主要因素是它的定义域和作用于该定义域的法则. 数列就是定义在正整数集上 (且取值于实数集) 的一个函数 $f:\mathbf{N}_+\to\mathbf{R}$, 其中 $\mathbf{N}_+$ 表示全体正整数之集. 与正整数 n 相应的函数值记为 a_n, 即 $a_n=f(n)$, 称其为该数列的通项, 而这个数列就可以简洁地用 $\{a_n\}$ 来表示. 因此, 不能简单地把 $\{a_n\}$ 看成是一个数集, 特别 $\{a_n\}\neq\{a_n|\ n\in\mathbf{N}_+\}$. 数列又称为点列或序列, 这后两个名称具有更广的含义, 因为点列或序列不仅可以是数列, 还可以是向量列、矩阵列等等. 从数列的定义来看, 通项 a_n 的下标 n(又称为指标) 从 1 开始取值, 这时数列 $\{a_n\}$ 就可进一步写为 $\{a_n\}_{n\geqslant 1}$. 其实这一点无关紧要, 如果它是从某一较大的正整数 N 开始取值, 我们也把这样的 $\{a_n\}$ 叫做数列, 且可写为 $\{a_n\}_{n\geqslant N}$.

与数列相关的一个重要的概念是极限. 任一数列都有无穷项, 我们要考察当 n

很大时这无穷项的分布情况和趋向, 例如, 考察数列 $\left\{\frac{1}{n}\right\}$ 与 $\{(-1)^n\}$, 它们的变化情况如下所示.

$$\begin{array}{llllllllll} n: & 1, & 2, & 3, & 4, & 5, & 6, & 7, & 8, & \cdots, \\ \frac{1}{n}: & 1, & \frac{1}{2}, & \frac{1}{3}, & \frac{1}{4}, & \frac{1}{5}, & \frac{1}{6}, & \frac{1}{7}, & \frac{1}{8}, & \cdots, \\ (-1)^n: & -1, & 1, & -1, & 1, & -1, & 1, & -1, & 1, & \cdots. \end{array}$$

很显然, 数列 $\left\{\frac{1}{n}\right\}$ 随 n 的变大而变小, 只要 n 充分大, 它就可以小于任何一个正数, 因此它越来越接近于零. 而数列 $\{(-1)^n\}$ 交替出现在 -1 和 1 两处, 不趋向于任何数. 一般地, 如果数列 $\{a_n\}$ 当 n 越来越大时其项越来越靠近某处 (可能达不到, 但却在这一处聚集), 我们就说这个数列是有极限的, 或是收敛的, 而那个聚集之处就称为数列的极限. 这只是一个直观的说法, 严格的数学定义需要用 ε-N 语言来描述, 即给定一个数列 $\{a_n\}$, 如果有一个数 a(它可能是数列的一员, 也可能不是), 使得对任意给出的正数 ε(它是动态的, 是可以任意小的), 都能够找出正数 N(一般是依赖于 ε 且充分大, 可以是正整数, 也可以不是), 使得只要 $n > N$(这里 n 是正整数), 就有 $|a_n - a| < \varepsilon$, 我们就说数列 $\{a_n\}$ 收敛于 a, 并称 a 为这个数列的极限, 记为 $\lim\limits_{n\to\infty} a_n = a$ 或 $a_n \to a(n\to\infty)$. 这个定义涉及五个量: n, a_n, ε, N 与 a, 其中 a 是唯一给定的常量 (固定不变), 而最关键的量是 ε 和 N, 而且前者是先给出 (任意给定), 后者是随之而定 (可以根据需要取得充分的大), 这一点是最核心的. 又显然, 满足条件的 N 如果有, 就一定有很多个, 而我们只需找出一个. 如果数列 $\{a_n\}$ 不收敛于任何实数, 我们就说所述数列是不收敛的, 是发散的, 是没有极限的.

此外, 下面的例子表明, 在利用极限定义求极限或证明极限存在时, 寻找 N 的方法一般有多种, 采用不同方法得到的 N 会有不同的形式和不同的值.

不等式 $|a_n - a| < \varepsilon$ 等价于 $a-\varepsilon < a_n < a+\varepsilon$, 即 $a_n \in (a-\varepsilon, a+\varepsilon) = U(a,\varepsilon)$, 因此, 上述极限定义又可以改述为: 如果 $\forall\,\varepsilon > 0, \exists\,N > 0$, 使当 $n > N$ 时 $a_n \in U(a,\varepsilon)$, 则称数列 $\{a_n\}$ 收敛于 a. 显然, 这一叙述等价于: $\forall\ \varepsilon > 0$, 数列 $\{a_n\}$ 只有有限个项不在点 a 的 ε-邻域 $U(a,\varepsilon)$ 内, 或者说 $\{a_n\}$ 只有有限项位于 $U(a,\varepsilon)$ 之外.

下面我们看几个简单例子.

例 2.1.1 证明 $\lim\limits_{n\to\infty}(\sqrt{n+1}-\sqrt{n}) = 0$.

证明 $\forall\,\varepsilon > 0$, 我们要寻求充分大的 N, 使当 $n > N$ 时成立 $|\sqrt{n+1}-\sqrt{n}| < \varepsilon$. 这实际上是要从不等式 $|\sqrt{n+1}-\sqrt{n}| < \varepsilon$ 出发来解出 n 的范围. 在解的过程中为

了求 N 方便往往需要放大不等式. 因为

$$\sqrt{n+1}-\sqrt{n}=\frac{(\sqrt{n+1}-\sqrt{n})(\sqrt{n+1}+\sqrt{n})}{\sqrt{n+1}+\sqrt{n}}=\frac{1}{\sqrt{n+1}+\sqrt{n}},$$

于是由 $\sqrt{n+1}+\sqrt{n}>2\sqrt{n}>0$ 知

$$0<\sqrt{n+1}-\sqrt{n}<\frac{1}{2\sqrt{n}}.$$

从而, 要使 $|\sqrt{n+1}-\sqrt{n}|<\varepsilon$ 成立, 只要 $\dfrac{1}{2\sqrt{n}}<\varepsilon$ 成立即可. 进一步, 后者成立只须 $2\sqrt{n}>\dfrac{1}{\varepsilon}$ 或 $n>\left(\dfrac{1}{2\varepsilon}\right)^2$. 于是, 取 $N=\left(\dfrac{1}{2\varepsilon}\right)^2$, 则对一切 $n>N$ 就必有 $|\sqrt{n+1}-\sqrt{n}|<\varepsilon$, 即为所证.

在上例中用到不等式 $\sqrt{n+1}+\sqrt{n}>2\sqrt{n}$, 也可以改用其他的不等式, 例如 $\sqrt{n+1}+\sqrt{n}>\sqrt{n}$, $\sqrt{n+1}+\sqrt{n}>\sqrt{n+1}$, 这时相应的 N 就分别是 $\dfrac{1}{\varepsilon^2}$ 与 $\dfrac{1}{\varepsilon^2}-1$ $\Big($为使后者为正, 可事先要求 $0<\varepsilon<1$, 或者后者改为 $\max\left\{1,\dfrac{1}{\varepsilon^2}-1\right\}\Big)$.

例 2.1.2 设 $\lim\limits_{n\to\infty}a_n=a$, 证明 $\lim\limits_{n\to\infty}|a_n+\sqrt{n+1}-\sqrt{n}|=|a|$.

证明 由三角不等式有

$$\begin{aligned}\big||a_n+\sqrt{n+1}-\sqrt{n}|-|a|\big|&\leqslant|a_n+\sqrt{n+1}-\sqrt{n}-a|\\&\leqslant|a_n-a|+|\sqrt{n+1}-\sqrt{n}|.\end{aligned}$$

由假设和例 2.1.2 知, $\forall\ \varepsilon>0$, $\exists\ N_1(\varepsilon)>0$, $N_2(\varepsilon)>0$, 使当 $n>N_1$ 时有 $|a_n-a|<\varepsilon$, 当 $n>N_2$ 时有 $|\sqrt{n+1}-\sqrt{n}|<\varepsilon$, 于是令 $N(\varepsilon)=\max\{N_1,N_2\}$, 则当 $n>N$ 时必有

$$\big||a_n+\sqrt{n+1}-\sqrt{n}|-|a|\big|<\varepsilon+\varepsilon=2\varepsilon.$$

因为 ε 任意小时 2ε 也任意小, 故我们已经证明了结论.

初学者可能感到这里好像还没有证完, 因为在数列极限的定义中出现的是 $|a_n-a|<\varepsilon$, 而不是 $|a_n-a|<2\varepsilon$. 事实上, 这里 2ε, 甚至可能出现 3ε, $\sqrt{\varepsilon}$ 等都不是关键, 真正关键的是它们都可以任意小. 为说得更明白, 我们现在严格用定义来完成例 2.1.2 的证明. 上面已经证明, 任给 $\varepsilon>0$, 存在 $N(\varepsilon)>0$, 使当 $n>N$ 时 $\big||a_n+\sqrt{n+1}-\sqrt{n}|-|a|\big|<2\varepsilon$.

于是, $\forall\ \widetilde{\varepsilon}>0$, 取 $\varepsilon=\widetilde{\varepsilon}/3$, 以及 $\widetilde{N}=N(\varepsilon)=N(\widetilde{\varepsilon}/3)$, 则当 $n>\widetilde{N}$ 时必有

$$\big||a_n+\sqrt{n+1}-\sqrt{n}|-|a|\big|<2\varepsilon=2\widetilde{\varepsilon}/3<\widetilde{\varepsilon}.$$

即为所证.

此外, 我们还指出, 上面例子的证明中出现 N_1, N_2, 今后熟练了就可以只出现一个公共的 N, 因为任意有限个数中总有最大者.

例 2.1.3　证明

(1) $\lim\limits_{n\to\infty} q^n = 0$, 其中 $0<|q|<1$;

(2) $\lim\limits_{n\to\infty} \sqrt[n]{a} = 1$, 其中 $a>0$, 且 $a\neq 1$.

证明　(1) 因为 $0<|q|<1$, 故存在常数 $b>0$ 使成立 $|q|^{-1}=1+b$, 于是由伯努利不等式知

$$(|q|^{-1})^n = (1+b)^n \geqslant 1+nb,$$

进而由例 1.4.7 知

$$|q|^n = (|q|^{-1})^{-n} \leqslant (1+nb)^{-1}.$$

因此, $\forall\, \varepsilon>0$, 取 $N=(\varepsilon^{-1}-1)/b$, 此处不妨设 $0<\varepsilon<1$. 这样的话, 由上面的分析可知, 对一切 $n>N$ 就有 $|q^n|=|q|^n<\varepsilon$.

(2) 又由例 1.4.7 知不妨设 $a>1$. 令 $b_n=\sqrt[n]{a}-1$, 再次应用伯努利不等式知

$$a=(1+b_n)^n \geqslant 1+nb_n,$$

于是

$$0<b_n\leqslant \frac{a-1}{n}.$$

易见, 取 $N=\dfrac{a-1}{\varepsilon}$, 那么当 $n>N$ 就有 $b_n<\varepsilon$. 即为所证.

上面例子结论 (1) 的证明中对 ε 做了限制 $0<\varepsilon<1$. 在极限问题论证中这是不失一般性的. 换句话说, 如果对这样的 $\varepsilon\in(0,1)$, 能够找出 $N(\varepsilon)>0$, 使当 $n>N$ 时有 $|a_n-a|<\varepsilon$, 则对其他的 $\varepsilon>0$, 也能够找出 $N(\varepsilon)>0$, 使当 $n>N$ 时有 $|a_n-a|<\varepsilon$, 从而一定有 $\lim\limits_{n\to\infty} a_n=a$. 事实上, 先取定值 $\varepsilon_0\in(0,1)$, 并记 $N_0=N(\varepsilon_0)$, 那么当 $n>N_0$ 时有 $|a_n-a|<\varepsilon_0$. 现设 ε 为满足 $\varepsilon\geqslant 1$ 的任意正数, 则对已确定的 N_0, 当 $n>N_0$ 时就有 $|a_n-a|<\varepsilon_0<\varepsilon$.

下面我们给出上面两个结论的另一证明.

(1) $\forall\, \varepsilon>0$, 要证当 n 充分大时必有 $|q^n|<\varepsilon$. 注意到这个不等式等价于 $n\ln|q|<\ln\varepsilon$ 或 $n>\dfrac{\ln\varepsilon}{\ln|q|}$, 于是, 可取 $N=\dfrac{\ln\varepsilon}{\ln|q|}$, 则对一切 $n>N$ 就有 $|q^n|<\varepsilon$.

(2) $\forall\, \varepsilon>0$, 考虑不等式 $|\sqrt[n]{a}-1|<\varepsilon$. 首先设 $a>1$. 此时这个不等式等价于 $\sqrt[n]{a}<1+\varepsilon$, 或 $a<(1+\varepsilon)^n$, 关于 n 求解这个不等式就得到 $n>\dfrac{\ln a}{\ln(1+\varepsilon)}$. 于是取

$N=\dfrac{\ln a}{\ln(1+\varepsilon)}$ 即可. 再设 $0<a<1$. 与上类似, 上述不等式等价于 $1-\varepsilon<\sqrt[n]{a}$. 为关于 n 求解这个不等式我们可设 $0<\varepsilon<1$(事实上, 对 $\varepsilon\geqslant 1$ 该不等式对 $n\geqslant 1$ 均成立). 从而可解得 $n>\dfrac{\ln a}{\ln(1-\varepsilon)}$. 即得 $N=\dfrac{\ln a}{\ln(1-\varepsilon)}$.

那么上面的新证明有没有问题呢? 严格说来是有问题的, 因为这里用到了对数函数的性质, 即前面的公式 (1.7). 这一公式是中学里学过的, 但其证明要到第 4 章才能给出. 因此, 严格说来上述新证明是不应该在这里出现的.

例 2.1.4 证明 $\lim\limits_{n\to\infty}\sqrt[n]{n}=1$.

证明 令 $b_n=\sqrt[n]{n}-1$, 则 $b_n\geqslant 0$, 且

$$n=(1+b_n)^n\geqslant 1+\frac{n(n-1)}{2}b_n^2,$$

这就有$b_n\leqslant\sqrt{\dfrac{2}{n}}$. 于是, $\forall\,\varepsilon>0, \exists\,N=\dfrac{2}{\varepsilon^2}$, 只要 $n>N$ 就有 $|\sqrt[n]{n}-1|=b_n<\varepsilon$. 故 $\lim\limits_{n\to\infty}\sqrt[n]{n}=1$.

例 2.1.5 证明: (1) $\lim\limits_{n\to\infty}\dfrac{a^n}{n!}=0,\ a\in\mathbf{R}$; (2) $\lim\limits_{n\to\infty}\dfrac{n^\alpha}{c^n}=0,\ c>1,\ \alpha>0$.

证明 (1) 先做一点准备工作. 对介于 1 与 n 之间的任何自然数 k, 成立

$$n!=1\cdots k\cdots n\geqslant k!(k+1)^{n-k}=K(k+1)^n,$$

其中 $K=\dfrac{k!}{(k+1)^k}$. 先取 k 满足 $k\geqslant|a|$, 则当 $n>k$ 时由上面不等式知

$$\left|\frac{a^n}{n!}\right|\leqslant K^{-1}\left(\frac{|a|}{k+1}\right)^n.$$

进一步, 由例 2.1.3(1) 知 $\forall\,\varepsilon>0, \exists\,N_1>0$, 使当 $n>N_1$ 时 $\left(\dfrac{|a|}{k+1}\right)^n<\varepsilon$. 令 $N=\max\{k,N_1\}$, 则当 $n>N$ 时就有

$$\left|\frac{a^n}{n!}\right|<K^{-1}\varepsilon.$$

由此即得.

对上述证法做一调整可给出另一证法. 事实上, 同样取 k 满足 $k\geqslant|a|$, 则

$$\frac{|a|}{j}<1,\quad j=k+1,\cdots,n-1,$$

于是当 $n>k$ 时

$$\left|\frac{a^n}{n!}\right|=\frac{\overbrace{|a|\cdots|a|\cdots|a|}^{n\text{个}|a|}}{1\cdots k\cdots n}<\frac{|a|^k}{k!}\frac{|a|}{n}.$$

由此也可证明结论成立.

(2) 因为 $0<\alpha<[\alpha]+1$, 只需证对一切正整数 k 成立

$$\lim_{n\to\infty}\frac{n^k}{c^n}=0,\quad c>1. \tag{2.1}$$

我们这里介绍三种式 (2.1) 的证明方法, 它们既有联系又有区别.

证法 1. 因为 $c>1$, 于是 $a=c-1>0$, 那么当 $n>k$ 时就有

$$\begin{aligned}c^n&=(1+a)^n\\&=1+na+\cdots+\frac{n(n-1)\cdots(n-k)}{(k+1)!}a^{k+1}+\cdots+a^n\\&>\frac{n(n-1)\cdots(n-k)}{(k+1)!}a^{k+1}\\&>\frac{(n-k)^{k+1}}{(k+1)!}a^{k+1}.\end{aligned}$$

因此可得

$$\frac{n^k}{c^n}<\frac{(k+1)!}{a^{k+1}}\left(\frac{n}{n-k}\right)^k\frac{1}{n-k}.$$

进一步设 $n>2k$, 则 $n-k>\dfrac{n}{2}$, $\dfrac{n}{n-k}<2$. 于是由上式可见

$$\frac{n^k}{c^n}<\frac{2^k(k+1)!}{a^{k+1}}\frac{1}{n-k}.$$

由此已可看出式 (2.1) 成立.

证法 2. 上述证法中令 $k=1$ 可得对任意 $c_1>1$ 均有

$$\lim_{n\to\infty}\frac{n}{c_1^n}=0. \tag{2.2}$$

注意到

$$\frac{n^k}{c^n}=\left(\frac{n}{c_1^n}\right)^k,\quad c_1=\sqrt[k]{c}>1.$$

由此利用式 (2.2) 即可证式 (2.1).

证法 3. 用归纳法, 且在每一步中 c 都是大于 1 的任意实数. 首先, 当 $k=1$ 时, 重复证法 1, 可知式 (2.2) 对任意 $c_1>1$ 成立. 再设式 (2.1) 对 k 和任意 $c>1$ 成立, 则对 $k+1$ 之情形, 我们有

$$\frac{n^{k+1}}{c^n}=\frac{n^k}{c_1^n}\frac{n}{c_1^n},\quad c_1=\sqrt{c}>1.$$

由此及归纳假设易证

$$\lim_{n\to\infty}\frac{n^{k+1}}{c^n}=0.$$

即为所证.

从上述各例我们可以看到, 在处理极限问题时适当放大不等式是非常关键的, 这里采用的主要技巧有两点, 一是不等式放大技巧, 另一就是倒推法. 另外, 为了论证上的方便, 在放大不等式的过程中不妨设 n 很大, 例如 $n\geqslant 100$, 而取 ε 很小, 例如 $0<\varepsilon<1$.

极限的基本思想早就在中国和古希腊出现, 例如刘徽的割圆术 "割之弥细, 所失弥少, 割之又割, 以至于不可割, 则与圆周合体而无所失矣",《庄子·天下篇》记载的截棒术 "一尺之棰, 日取其半, 万世不竭". 极限概念从模糊不清到被明确提出经历了漫长的时间, 直至 19 世纪, 由柯西和魏尔斯特拉斯等一批人的努力才完成.

最后我们提一下无穷小数列和无穷大数列的概念.

所谓无穷小数列, 又称无穷小量, 是指极限为 0 的数列, 而无穷大数列或无穷大量是指发散到无穷大的数列, 即对任意的 $M>0$, 不管多么大, 总存在正数 N(肯定与 M 有关), 使当 $n>N$ 时成立 $|a_n|>M(a_n>M$ 或 $a_n<-M)$, 分别记为 $\lim\limits_{n\to\infty}a_n=\infty$, $\lim\limits_{n\to\infty}a_n=+\infty$ 或 $\lim\limits_{n\to\infty}a_n=-\infty$. 此时我们说 $\{a_n\}$ 存在非正常极限. 这种 "极限" 形式上看共有三类: 无穷大、正无穷大和负无穷大. 而实际上, 由它们的定义知, 后两类寓于第一类之中. 反之则不然. 例如, 无穷大数列 $\{(-1)^n n\}$ 的非正常极限是 ∞, 但既不是 $+\infty$, 也不是 $-\infty$.

无穷小数列和无穷大数列既是互相对立的, 又是可以互相转化的: 若数列 $\{a_n\}$ 的每一项都不为 0, 则它是无穷小数列当且仅当 $\{(a_n)^{-1}\}$ 是无穷大数列. 此外若 $\lim\limits_{n\to\infty}a_n=a$, 令 $\alpha_n=a_n-a$, 则 $\{\alpha_n\}$ 是无穷小数列, 反之亦然 (这就是定理 2.1 的内容). 这一结论十分显然, 有时却相当有用.

由无穷大数列的定义易知, 一个数列若不是无穷大数列, 则必包含一个有界子列.

我们已经多次遇到 "任意小" 与 "充分大" 等概念, 有时也会遇到 "充分小" 与 "任意大" 之说法. 我们在这里做一个简单的解释. "任意小" 有两重含义, 一是无条件的小. 例如, 在极限定义中出现的 "ε", 它是任意小的正数, 你希望多小, 它就可以多小. 这里需要注意的是, ε 一旦给定了, 就要暂时定下来. 另一含义是可以做到任意小, 例如, 无穷小数列可以做到任意小, 其通项的绝对值可以小于事先给定的任意小量 ε, 详之, 对任意小量 ε, 必有充分大的 N, 使得只要 $n>N$ 时就必成立 $|a_n|<\varepsilon$. 类似地, "任意大" 也有两重含义. "充分小" 意思是符合一定要求的小, 或是说适当的小, 有一定目的的小, 可以小过已给定的任何小量, 而 "充分大" 是指符合一定要求的大, 或是说适当的大, 有一定目的的大, 可以大过已给定的任何大量.

根据无穷小数列和无穷大数列的定义, 我们有如下常用的等价说法: 如果当 n 充分大时, $|a_n|$ 就可以任意小, 则 $\{a_n\}$ 就是无穷小数列; 如果当 n 充分大时, $|a_n|$ 就可以任意大, 则 $\{a_n\}$ 就是无穷大数列. 根据无界函数的定义, 函数 $f(x)=\dfrac{1}{x}$ 在 $x>0$ 上是无界的, 因为当 $x>0$ 充分小时, 它可以任意大.

2.2 收敛数列的性质

2.2.1 基本问题

1. 收敛数列有哪些性质, 如何证明?

2. 思考和理解收敛数列的每个性质, 并观察实例中是如何运用它们于极限问题的.

3. 运用极限的四则运算时应当注意什么问题?

4. 应用举例 (结合"不等式放大技巧").

(1) 设 $a_n \geqslant 0$, 若 $\lim\limits_{n\to\infty} a_n = a$, 则 $\lim\limits_{n\to\infty}\sqrt{a_n}=\sqrt{a}$ (可引出更多类似例子).

(2) 求证 $\lim\limits_{n\to\infty}\dfrac{1}{\sqrt[n]{n!}}=0$.

(3) 求极限 $\lim\limits_{n\to\infty}\dfrac{a^n}{a^n+1}$, $a\neq -1$.

(4) 求极限 $\lim\limits_{n\to\infty}\sqrt{n}(\sqrt{n+1}-\sqrt{n})$.

(5) 证明: 若 $\lim\limits_{n\to\infty} a_n = a$, 则

(i) $\lim\limits_{n\to\infty}\dfrac{a_1+\cdots+a_n}{n}=a$;

(ii) 当 $a_n>0(n\geqslant 1)$ 时有 $\lim\limits_{n\to\infty}\sqrt[n]{a_1\cdots a_n}=a$.

5. 思考: 收敛数列的哪些性质对无穷大数列也成立?

2.2.2 要点讲解与注释

收敛数列有以下几条性质.

(1) 极限唯一性: 收敛数列的极限是唯一存在的.

证明要点: 设 a, b 都是数列 $\{a_n\}$ 的极限, 则有 $|a-b|=|a-a_n+a_n-b|\leqslant |a-a_n|+|a_n-b|$. 再利用极限定义即得 $a=b$.

(2) 有界性: 收敛数列是有界数列.

证明要点: 设 a 是数列 $\{a_n\}$ 的极限, 则有 $|a_n|=|a_n-a+a|\leqslant|a_n-a|+|a|$. 由此易得.

(3) 保序性: 设 $\lim\limits_{n\to\infty} a_n=a$, $\lim\limits_{n\to\infty} b_n=b$, 则

(i) 若 $a > b$, 当 n 充分大时有 $a_n > b_n$, $a_n > b$, $a > b_n$;

(ii) 若当 n 充分大时有 $a_n \geqslant b_n$, 则 $a \geqslant b$.

证明要点: (i) 设 ε 为任给正数, 其值待定, 则有 $N > 0$ 存在, 使当 $n > N$ 时有

$$a - \varepsilon < a_n < a + \varepsilon, \quad b - \varepsilon < b_n < b + \varepsilon,$$

为完成证明, 只需取 ε, 使其满足 $a - \varepsilon \geqslant b + \varepsilon$, 例如, 可取 $\varepsilon = \dfrac{a-b}{2}$.

(ii) 此题可用反证法, 再用结论 (i). 也可用下法. 由条件知当 n 充分大时有

$$\begin{aligned} a - b &= a - a_n + a_n - b \\ &\geqslant a - a_n + b_n - b \\ &\geqslant -(|a - a_n| + |b_n - b|), \end{aligned}$$

于是任给 $\varepsilon > 0$, 有 $N > 0$ 存在, 使当 $n > N$ 时 $|a - a_n| + |b_n - b| < \varepsilon$, 从而 $a - b > -\varepsilon$ 或 $a + \varepsilon > b$. 由 ε 的任意性即得结论.

(4) 保号性: 若 $\lim\limits_{n\to\infty} a_n = a \neq 0$, 则当 n 充分大时 a_n 与 a 同号, 且 $|a_n| > \dfrac{|a|}{2}$.

证明要点: 不妨设 $a > 0$, 则取 $b_n = \dfrac{a_n}{2}$, $b = \dfrac{a}{2}$, 然后利用 (3)(i) 即得.

(5) 迫敛性或两边夹定理: 设有三个数列 $\{a_n\}, \{b_n\}, \{c_n\}$, 如果当 n 充分大时 $a_n \leqslant c_n \leqslant b_n$, 且 $\lim\limits_{n\to\infty} a_n = \lim\limits_{n\to\infty} b_n = a$, 则必有 $\lim\limits_{n\to\infty} c_n = a$.

证明要点: 利用不等式

$$|c_n - a| \leqslant \max\{|a_n - a|, |b_n - a|\}, \quad n > N_0.$$

(6) 归结原则: 一数列收敛当且仅当其任一子列均收敛 (且收敛于同一极限).

子列概念: 由满足 $1 \leqslant n_k < n_{k+1}$ 的正整数组成的数列 $\{n_k\}$ 称为 $\{n\}$ 的子列, 而称 $\{a_{n_k}\}$ 为 $\{a_n\}$ 的子列, 如果 $\{n_k\}$ 是 $\{n\}$ 的子列. 易见, 一个数列的子列也是一个数列, 一个数列有无穷多个子列.

归结原则还可做如下推广: 一数列趋于无穷大当且仅当其任一子列均是无穷大数列.

(7) 极限的四则运算: 设 $\lim\limits_{n\to\infty} a_n = a$, $\lim\limits_{n\to\infty} b_n = b$, 则

$$\lim_{n\to\infty} (a_n \pm b_n) = a \pm b, \quad \lim_{n\to\infty} a_n b_n = ab, \quad \lim_{n\to\infty} \frac{a_n}{b_n} = \frac{a}{b} \ (\text{当 } b \neq 0 \text{时}).$$

证明要点: 利用

$$|a_n b_n - ab| = |(a_n - a)b_n + a(b_n - b)| \leqslant |a_n - a||b_n| + |a||b_n - b|$$

与

$$\left|\frac{1}{b_n}-\frac{1}{b}\right|=\frac{|b_n-b|}{|b_nb|}<\frac{2|b_n-b|}{|b|^2}\quad (\text{当 } n \text{充分大时}).$$

对上述前六条性质, 我们可以闭目默想, 想象数列、极限以及它们在实数轴上的聚集图像 (最好是画图示意), 这些性质就不难理解了, 一旦理解了, 思路就自然形成了, 也就会证明了.

收敛数列的有界性与保号性常用于放大不等式 (用一些常量来替代某些收敛数列的通项), 保序性和迫敛性常用于求极限, 此处需要注意的是要根据所出现的 (中间) 数列 $\{c_n\}$, 通过不等式放大技巧找出合适的 (两边) 数列 $\{a_n\}$ 和 $\{b_n\}$. 归结原则主要用于判定数列的敛散性, 例如, 若能发现某一数列有两个收敛子列, 但它们有不同的极限, 则这个数列必定不能收敛.

极限的四则运算是很自然的, 并且可以适用于更多个数列的情形. 但在具体应用中要注意两点, 一是极限的加减运算仅适用于固定有限个数列 (即数列的个数是固定的, 独立于 n 的), 另一是极限的乘除运算不能出现不定型, 即在对一个数列的通项变形时数列 $\{a_n\}$ 与 $\{b_n\}$ 要选取适当.

下面看几个实例.

例 2.2.1　求极限 $\lim\limits_{n\to\infty}\dfrac{1\cdot3\cdot5\cdots(2n-1)}{2\cdot4\cdot6\cdots(2n)}$.

解　这个题看上去简单, 但却需要一个巧妙的不等式放大技巧来化简数列通项的表达. 要用到的不等式如下:

$$(2n)^2>(2n)^2-1=(2n-1)(2n+1),\quad \text{从而 } 2n>\sqrt{(2n-1)(2n+1)}.$$

于是

$$\frac{2n-1}{2n}<\frac{2n-1}{\sqrt{(2n-1)(2n+1)}}=\frac{\sqrt{2n-1}}{\sqrt{2n+1}}.$$

由此易见

$$\frac{1\cdot3\cdot5\cdots(2n-1)}{2\cdot4\cdot6\cdots(2n)}<\frac{1\cdot\sqrt{3}\cdot\sqrt{5}\cdots\sqrt{2n-1}}{\sqrt{3}\cdot\sqrt{5}\cdot\sqrt{7}\cdots\sqrt{2n+1}}=\frac{1}{\sqrt{2n+1}}.$$

故由两边夹定理即知

$$\lim_{n\to\infty}\frac{1\cdot3\cdot5\cdots(2n-1)}{2\cdot4\cdot6\cdots(2n)}=0.$$

例 2.2.2　求极限 $\lim\limits_{n\to\infty}\dfrac{a^n-1}{a^n+1}$, 其中 $a\neq-1$.

解　这个题中出现一个不定常数 a, 因此所求极限应该依赖于这个常数的取值范围. 首先, 如果 $a=1$, 则 $\lim\limits_{n\to\infty}\dfrac{a^n-1}{a^n+1}=0$. 如果 $|a|<1$, 则 $\{a^n\}$ 是无穷小数

列, 从而

$$\lim_{n\to\infty}\frac{a^n-1}{a^n+1}=\frac{\lim\limits_{n\to\infty}a^n-1}{\lim\limits_{n\to\infty}a^n+1}=-1.$$

如果 $|a|>1$, 则 $\{a^n\}$ 是无穷大数列, 而 $\{(a^{-1})^n\}$ 是无穷小数列, 此时则有

$$\lim_{n\to\infty}\frac{a^n-1}{a^n+1}=\lim_{n\to\infty}\frac{1-(a^{-1})^n}{1+(a^{-1})^n}=\frac{\lim\limits_{n\to\infty}(1-(a^{-1})^n)}{\lim\limits_{n\to\infty}(1+(a^{-1})^n)}=1.$$

例 2.2.3 求极限 $\lim\limits_{n\to\infty}\sqrt{n}(\sqrt{n+1}-\sqrt{n})$.

解 这个题中出现因子 $\sqrt{n+1}-\sqrt{n}$, 这是一个 "$\infty-\infty$" 型不定式, 需要将它进行转化 (即恒等变形). 方法如下:

$$\sqrt{n+1}-\sqrt{n}=\frac{(\sqrt{n+1}-\sqrt{n})(\sqrt{n+1}+\sqrt{n})}{\sqrt{n+1}+\sqrt{n}}=\frac{1}{\sqrt{n+1}+\sqrt{n}}.$$

于是

$$\lim_{n\to\infty}\sqrt{n}(\sqrt{n+1}-\sqrt{n})=\lim_{n\to\infty}\frac{\sqrt{n}}{\sqrt{n+1}+\sqrt{n}}=\frac{1}{\lim\limits_{n\to\infty}\sqrt{1+\dfrac{1}{n}}+1}.$$

再注意到

$$\sqrt{1+\frac{1}{n}}-1=\frac{1}{n\left(\sqrt{1+\dfrac{1}{n}}+1\right)}<\frac{1}{n},$$

这就给出 $\lim\limits_{n\to\infty}\sqrt{1+\dfrac{1}{n}}=1$, 从而 $\lim\limits_{n\to\infty}\sqrt{n}(\sqrt{n+1}-\sqrt{n})=\dfrac{1}{2}$.

例 2.2.4 证明: 若 $\lim\limits_{n\to\infty}a_n=a$, 则

(1) $\lim\limits_{n\to\infty}\dfrac{a_1+\cdots+a_n}{n}=a$;

(2) 当 $a_n>0(n\geqslant 1)$ 时有 $\lim\limits_{n\to\infty}\sqrt[n]{a_1\cdots a_n}=a$.

证明 (1) 不妨设 $a=0$(这样可使证明有所简化), 否则令 $b_n=a_n-a$. 于是, $\forall\,\varepsilon>0, \exists\, N_1>0$, 使当 $n\geqslant[N_1]+1$ 时 $|a_n|<\varepsilon$. 记 $n_1=[N_1]$, $M=|a_1+\cdots+a_{n_1}|$, 则有

$$\left|\frac{a_1+\cdots+a_{n_1}+\cdots+a_n}{n}\right|<\frac{M}{n}+\frac{n-n_1}{n}\varepsilon<\frac{M}{n}+\varepsilon,\quad n\geqslant n_1.$$

令 $N=\dfrac{M}{\varepsilon}$, 则当 $n>N$ 时 $\dfrac{M}{n}<\varepsilon$, 从而有

$$\left|\frac{a_1+\cdots+a_n}{n}\right|<2\varepsilon,\quad n>\max\{N,n_1\}.$$

即为所证.

(2) 因为 $a_n > 0$, 我们有 $a \geqslant 0$, 以及成立下述不等式 (称其为均值不等式):

$$\sqrt[n]{a_1 \cdots a_n} \leqslant \frac{a_1 + \cdots + a_n}{n}, \text{其中等号成立当且仅当 } a_1 = \cdots = a_n. \tag{2.3}$$

若 $a = 0$, 则由结论 (1), 并对不等式 (2.3) 两边取极限 (利用两边夹定理), 即知结论成立. 设 $a > 0$, 此时不妨设 $a = 1$(否则, 令 $b_n = a_n/a$). 与不等式 (2.3) 类似, 成立

$$\frac{1}{\sqrt[n]{a_1 \cdots a_n}} = \sqrt[n]{\frac{1}{a_1} \cdots \frac{1}{a_n}} \leqslant \frac{\frac{1}{a_1} + \cdots + \frac{1}{a_n}}{n}. \tag{2.4}$$

由式 (2.3) 和 (2.4) 可得

$$\left(\frac{\frac{1}{a_1} + \cdots + \frac{1}{a_n}}{n}\right)^{-1} \leqslant \sqrt[n]{a_1 \cdots a_n} \leqslant \frac{a_1 + \cdots + a_n}{n}. \tag{2.5}$$

注意到 $\lim\limits_{n\to\infty} a_n = \lim\limits_{n\to\infty} \frac{1}{a_n} = 1$, 利用结论 (1), 并对式 (2.5) 应用两边夹定理即得结论.

利用例 2.2.4 的结论 (2) 即知成立 $\lim\limits_{n\to\infty} \frac{1}{\sqrt[n]{n!}} = 0$.

利用例 2.2.4 的结论 (1) 的证法还可证: 若 $\lim\limits_{n\to\infty} a_n = a$, $\lim\limits_{n\to\infty} b_n = b$, 则

$$\lim_{n\to\infty} \frac{\sum\limits_{i+j=n+1} a_i b_j}{n} = ab, \quad \lim_{n\to\infty} \frac{\sum\limits_{i=1}^{n} i a_i}{1 + \cdots + n} = a.$$

下面再看一个例子.

例 2.2.5 求极限

(1) $\lim\limits_{n\to\infty} \left(\frac{1}{1\cdot 2} + \frac{1}{2\cdot 3} + \cdots + \frac{1}{n(n+1)}\right)$;

(2) $\lim\limits_{n\to\infty} \left(\frac{1}{2} + \frac{3}{2^2} + \cdots + \frac{2n-1}{2^n}\right)$.

该例中两个小题有一个共同特点, 即它们都出现具有下述形式的和式 $S_n = \sum\limits_{j=1}^{n} a_j$. 对这类题, 很自然我们应该想到把 S_n 化简成一个可以直接求极限的式子. 显然, 如果 $\{a_n\}$ 是等差或等比数列, 我们就可以这样做. 而对这个例子来说, 相应的 $\{a_n\}$ 既不是等差数列也不是等比数列. 那么怎么把 S_n 化简成一个可以直接求极限的式子呢? 一般来说, 没有一个通用的办法来做到这一点. 一个可行的办法是

寻求一个数列 $\{b_n\}$, 且可以求出 $\lim\limits_{n\to\infty} b_n = b$, 使得 a_n 可以分解成 $a_n = b_n - b_{n+1}$, $n \geqslant 1$. 如果能够做到这一点, 我们就有

$$S_n = b_1 - b_{n+1}, \quad \lim_{n\to\infty} S_n = b_1 - b.$$

幸运的是, 这个例子中的两个小题都可以这样做:

$$\frac{1}{n(n+1)} = \frac{1}{n} - \frac{1}{n+1}, \quad \frac{2n-1}{2^n} = \frac{2n+1}{2^{n-1}} - \frac{2n+3}{2^n}.$$

于是

$$\lim_{n\to\infty}\left(\frac{1}{1\cdot 2} + \frac{1}{2\cdot 3} + \cdots + \frac{1}{n(n+1)}\right) = 1,$$

$$\lim_{n\to\infty}\left(\frac{1}{2} + \frac{3}{2^2} + \cdots + \frac{2n-1}{2^n}\right) = 3.$$

我们再做一点延伸. 设 $q > 1$, 求极限

$$\lim_{n\to\infty}\left(\frac{1}{q} + \frac{3}{q^2} + \cdots + \frac{2n-1}{q^n}\right).$$

按照上面的思路, 我们要找 b_n, 使 $\dfrac{2n-1}{q^n} = b_n - b_{n+1}$. 这里 b_n 有可能具有形式 $b_n = \dfrac{An+B}{q^{n-1}}$, 其中 A 与 B 为待定系数. 这样就有

$$\frac{2n-1}{q^n} = \frac{An+B}{q^{n-1}} - \frac{A(n+1)+B}{q^n} = \frac{A(q-1)n-(A+B-Bq)}{q^n}.$$

易求得 $A = \dfrac{2}{q-1}$, $B = \dfrac{3-q}{(q-1)^2}$, 注意到 $\lim\limits_{n\to\infty} b_n = 0$, 我们得到

$$\lim_{n\to\infty}\left(\frac{1}{q} + \frac{3}{q^2} + \cdots + \frac{2n-1}{q^n}\right) = A + B = \frac{2}{q-1} + \frac{3-q}{(q-1)^2} = \frac{q+1}{(q-1)^2}.$$

2.3 数列极限存在的条件

2.3.1 基本问题

1. 什么是单调 (递增、递减) 数列?
2. 单调有界定理是怎么说的和怎么证的? 单调数列还有什么性质?
3. 致密性定理和柯西收敛准则是怎么说的和怎么证的?
4. 单调有界定理和柯西收敛准则的应用.

(1) 设 $a_n = 1 + \dfrac{1}{2^\alpha} + \cdots + \dfrac{1}{n^\alpha}$, 证明数列 $\{a_n\}$ 当 $\alpha > 1 (\leqslant 1)$ 时收敛 (发散).

(2) 设 $a>0$, $a_1=\sqrt{a}$, $a_2=\sqrt{a+a_1}$, $a_3=\sqrt{a+a_2}$, $\cdots$, 证明数列 $\{a_n\}$ 收敛, 并求其极限.

(3) 设 $a>0$, $a_1>0$, $a_{n+1}=\dfrac{1}{2}\left(a_n+\dfrac{a}{a_n}\right)$, 证明数列 $\{a_n\}$ 收敛, 并求其极限.

(4) 证明 $\left\{\left(1+\dfrac{1}{n}\right)^n\right\}$ 收敛.

2.3.2　要点讲解与注释

本节的主要内容是三个定理, 分别列出如下.

(1) 单调有界定理：任一单调有界数列必收敛.

证明要点：利用确界原理.

(2) 致密性定理：任一有界数列必有收敛子列.

证明要点：利用单调有界定理 (关键是先证明任一数列必含有单调子列这一结论, 详见例 2.3.5).

(3) 柯西收敛准则：数列 $\{a_n\}$ 收敛的充要条件是对任意的 $\varepsilon>0$ 都存在正数 $N>0$, 使当 $n>N$, $m>N$ 时必有 $|a_n-a_m|<\varepsilon$.

证明要点：利用致密性定理.

如果数列 $\{a_n\}$ 满足：$\forall\,\varepsilon>0$ 都存在正数 $N>0$, 使当 $n>N$, $m>N$ 时必有 $|a_n-a_m|<\varepsilon$, 则称 $\{a_n\}$ 为柯西数列. 柯西收敛准则是说, 数列 $\{a_n\}$ 收敛当且仅当它是柯西数列.

单调数列是一类很重要的数列, 它要么收敛 (如果有界), 要么是无穷大数列 (如果无界). 还容易证明, 单调数列的任意子列也是单调数列, 若单调数列有一收敛子列, 则其极限也就是该单调数列的极限, 若单调数列有发散子列, 则这个单调数列也是发散的 (无穷大数列). 单调数列虽然是一类较特殊的数列, 但可证任一数列必含有单调子列 (见后面的例子), 因此, 由关于无穷大数列的归结原则、单调有界定理和致密性定理可知, 任意数列要么是无穷大数列要么含有收敛子列.

柯西收敛准则中所出现的条件既是充分的又是必要的, 因此我们既可以应用它证明一些数列收敛, 此时无须知道极限是什么, 还可以应用它证明一些数列发散 (数列 $\{a_n\}$ 发散的充要条件是存在 $\varepsilon_0>0$ 和无穷大数列 $\{n_k\}$ 与 $\{m_k\}$, 使有 $|a_{n_k}-a_{m_k}|\geqslant\varepsilon_0$).

为了以后方便, 我们将柯西准则做如下扩充.

数列极限的柯西准则 (扩充)　(1) 数列 $\{a_n\}$ 收敛的充要条件是对任意的 $\varepsilon>0$ 都存在正数 $N>0$, 使当 $n>N$, $m>N$ 时必有 $|a_n-a_m|<\varepsilon$.

(2) 有界数列 $\{a_n\}$ 发散的充要条件是它有两个收敛于不同极限的子列.

结论 (1) 就是原来的柯西收敛准则, 我们来证明结论 (2). 设 $\{a_n\}$ 为有界数

列. 若它有两个收敛于不同极限的子列, 则由结论 (1) 即知 $\{a_n\}$ 不能收敛. 反之, 设 $\{a_n\}$ 不收敛, 则仍由结论 (1) 可知, 存在 $\varepsilon_0>0$ 和无穷大数列 $\{n_k\}$ 与 $\{m_k\}$(易见, $n_k\geqslant k$, $m_k\geqslant k$), 使有 $|a_{n_k}-a_{m_k}|\geqslant\varepsilon_0(k\geqslant 1)$. 为了叙述方便, 令 $b_k=a_{n_k}$, $c_k=a_{m_k}$, 则 $|b_k-c_k|\geqslant\varepsilon_0(k\geqslant 1)$, 且由假设, $\{b_k\}$ 与 $\{c_k\}$ 均为有界数列, 于是利用致密性定理, $\{b_k\}$ 有收敛子列 $\{b_{k_l}\}$, 其极限记为 b. 再由致密性定理, 数列 $\{c_{k_l}\}$ 有收敛子列, 不失一般性可设它本身收敛, 即 $\{c_{k_l}\}$ 有极限 (记为 c). 注意到成立

$$|b_{k_l}-c_{k_l}|\geqslant\varepsilon_0,\quad l\geqslant 1.$$

上式左边取极限 (令 $l\to\infty$), 可得 $|b-c|\geqslant\varepsilon_0$, 从而 $b\neq c$. 这样我们就找到了 $\{a_n\}$ 的分别收敛于 b 和 c 的两个子列. 证毕.

在应用以上诸定理时, 关键的步骤仍然是不等式的应用和放大技巧. 下面列举一些应用例子, 通过这些例子我们可以领略不等式放大的一些美妙之处.

例 2.3.1 设 $a_n=1+\dfrac{1}{2^\alpha}+\cdots+\dfrac{1}{n^\alpha}$, 证明

(1) 当 $\alpha\leqslant 1$ 时数列 $\{a_n\}$ 发散;

(2) 当 $\alpha>1$ 时数列 $\{a_n\}$ 收敛.

证明 (1) 由于当 $\alpha\leqslant 1$ 时 $a_n\geqslant 1+\dfrac{1}{2}+\cdots+\dfrac{1}{n}$, 故只需证当 $\alpha=1$ 时数列 $\{a_n\}$ 发散. 这里提供两种证法.

证法 1. 考虑子列 $\{a_{2^m}\}$, 我们证明 $a_{2^m}\geqslant 1+\dfrac{m}{2}$. 如果这个不等式获证, 则由于数列的单调性, 易见 $\{a_n\}$ 发散. 我们有

$$\begin{aligned}a_{2^m}&=1+\frac{1}{2}+\left(\frac{1}{3}+\frac{1}{4}\right)+\left(\frac{1}{5}+\cdots+\frac{1}{8}\right)+\cdots+\frac{1}{2^m}\\&>1+\frac{1}{2}+2\cdot\frac{1}{2^2}+2^2\cdot\frac{1}{2^3}+\cdots+2^{m-1}\frac{1}{2^m}\\&=1+\frac{m}{2}.\end{aligned}$$

证法 2. 因为

$$|a_n-a_{2n}|=\frac{1}{n+1}+\cdots+\frac{1}{2n}>\frac{n}{2n}=\frac{1}{2},$$

故由柯西收敛准则知 $\{a_n\}$ 发散.

(2) 现设 $\alpha>1$. 由于 $\{a_n\}$ 是严格增加数列, 由单调有界定理, 只需证 $\{a_n\}$ 有上界. 我们也用两种方法证明这一结论.

证法 1. 只需证子列 $\{a_{2^m}\}$ 有上界. 事实上,

$$a_{2^m}=1+\left(\frac{1}{2^\alpha}+\frac{1}{3^\alpha}\right)+\left(\frac{1}{4^\alpha}+\cdots+\frac{1}{7^\alpha}\right)+\cdots$$

$$
\begin{aligned}
&+\left(\frac{1}{2^{(m-1)\alpha}}+\cdots+\frac{1}{(2^m-1)^\alpha}\right)+\frac{1}{2^{m\alpha}}\\
&<1+2\cdot\frac{1}{2^\alpha}+2^2\cdot\frac{1}{2^{2\alpha}}+2^3\cdot\frac{1}{2^{3\alpha}}+\cdots+2^{m-1}\frac{1}{2^{(m-1)\alpha}}+\frac{2^m}{2^{m\alpha}}\\
&=\sum_{j=0}^{m}r^j=\frac{1-r^{m+1}}{1-r}<\frac{1}{1-r},
\end{aligned}
$$

其中 $r=2^{1-\alpha}<1$.

证法 2. 我们有

$$
a_{2n+1}=1+\left(\frac{1}{2^\alpha}+\frac{1}{4^\alpha}+\cdots+\frac{1}{(2n)^\alpha}\right)+\left(\frac{1}{3^\alpha}+\cdots+\frac{1}{(2n+1)^\alpha}\right).
$$

注意到

$$
\frac{1}{2^\alpha}+\frac{1}{4^\alpha}+\cdots+\frac{1}{(2n)^\alpha}=\frac{a_n}{2^\alpha},\quad \frac{1}{3^\alpha}+\cdots+\frac{1}{(2n+1)^\alpha}<\frac{a_n}{2^\alpha},
$$

故有

$$
a_n<a_{2n+1}<1+2\cdot\frac{a_n}{2^\alpha}=1+ra_n,
$$

其中 r 同上, 由此可得 $a_n<\dfrac{1}{1-r}$.

例 2.3.2　(1) 设 $a>0$, $a_1>0$, $a_{n+1}=\dfrac{1}{2}\left(a_n+\dfrac{a}{a_n}\right)$, 证明数列 $\{a_n\}$ 收敛, 并求其极限;

(2) 设 $a>0$, $a_1=\sqrt{a}$, $a_2=\sqrt{a+a_1}$, $a_3=\sqrt{a+a_2}$, $\cdots$, 证明数列 $\{a_n\}$ 收敛, 并求其极限.

解　(1) 由均值不等式, 有

$$
a_{n+1}=\frac{1}{2}\left(a_n+\frac{a}{a_n}\right)\geqslant\sqrt{a_n\cdot\frac{a}{a_n}}=\sqrt{a},
$$

故当 $n\geqslant 2$ 时 $a_n\geqslant\sqrt{a}$. 于是, 当 $n\geqslant 2$ 时

$$
\frac{a_{n+1}}{a_n}=\frac{1}{2}\left(1+\frac{a}{a_n^2}\right)\leqslant\frac{1}{2}\left(1+\frac{a}{\sqrt{a}^2}\right)=1,
$$

即数列 $\{a_n\}|_{n\geqslant 2}$ 是单调减的, 于是由单调有界定理知它是收敛的. 设其极限为 A, 则对等式 $a_{n+1}=\dfrac{1}{2}\left(a_n+\dfrac{a}{a_n}\right)$ 两边取极限可得 $A=\dfrac{1}{2}\left(A+\dfrac{a}{A}\right)$. 解之即得 $A=\sqrt{a}$.

(2) 易见 $a_1>0$, $a_2>\sqrt{a}=a_1$, $a_3=\sqrt{a+a_2}>\sqrt{a+a_1}=a_2$, 一般地, $a_{n+1}=\sqrt{a+a_n}>\sqrt{a+a_{n-1}}=a_n$, 故数列 $\{a_n\}$ 严格增加, 且当 $n\geqslant 1$ 时 $a_n\geqslant\sqrt{a}$. 下面我们证明 $\{a_n\}$ 有上界. 我们有

$$a_{n+1} = \frac{a_{n+1}^2}{a_{n+1}} = \frac{a+a_n}{a_{n+1}} < 1 + \frac{a}{a_{n+1}} \leqslant 1 + \frac{a}{\sqrt{a}} = 1 + \sqrt{a}.$$

上述不等式用到了 $a_n \geqslant \sqrt{a}$, 这是不容易想到的. 我们也可以不用这个不等式, 换一种思路来证明 $\{a_n\}$ 的有界性. 这个思路是利用数列 $\{a_n\}$ 的定义, 用待定法来找出一个上界. 设 b 是满足 $a_1 \leqslant b$ 的正数, 则 $a_2 = \sqrt{a+a_1} \leqslant \sqrt{a+b}$, 于是, 欲使 $a_2 \leqslant b$, 只要 b 满足 $\sqrt{a+b} \leqslant b$. 进一步易见, 对这样的 b, 成立 $a_3 = \sqrt{a+a_2} \leqslant \sqrt{a+b} \leqslant b$, 一般地有 $a_n \leqslant b$. 显然, 满足 $\sqrt{a+b} \leqslant b$ 的 b 有很多, 上面给出的上界 $1+\sqrt{a}$ 只是其中之一, 而使 $\sqrt{a+b} \leqslant b$ 成立的最小者自然是二次方程 $a + b = b^2$ 的 (唯一) 正根 $(1+\sqrt{1+4a})/2$. 易见, 这个数正是我们所要求的极限. 获得这一极限还需要用到 2.2 节基本问题 4(1) 的结论.

例 2.3.3 设 $a_n = \left(1+\dfrac{1}{n}\right)^n$, $b_n = \left(1+\dfrac{1}{n}\right)^{n+1}$, $c_n = 1 + \dfrac{1}{2} + \cdots + \dfrac{1}{n} - \ln n$. 证明

(1) $\{a_n\}$ 严格增加且收敛;

(2) $\{b_n\}$ 严格减少且收敛;

(3) $\{c_n\}$ 严格减少且收敛.

证明 (1) 文献 [1] 中利用二项式展开, 通过逐项比较证明了 $\{a_n\}$ 严格增加, 而且 $a_n < 3$. 这一方法直接易懂. 这里提供另一种证法, 其关键是巧妙利用均值不等式 (2.3). 事实上, 两次利用均值不等式 (2.3), 我们有

$$a_n = \left(1+\frac{1}{n}\right)^n \cdot 1 < \left(\frac{n(1+1/n)+1}{n+1}\right)^{n+1} = a_{n+1},$$

$$\begin{aligned} a_n &= 4\left(a_n \cdot \frac{1}{2} \cdot \frac{1}{2}\right) = 4\left(\left(1+\frac{1}{n}\right)^n \cdot \frac{1}{2} \cdot \frac{1}{2}\right) \\ &< 4\left(\frac{n(1+1/n)+1/2+1/2}{n+2}\right)^{n+2} = 4. \end{aligned}$$

于是 $\{a_n\}$ 必收敛, 其极限记为 e, 即

$$\lim_{n\to\infty}\left(1+\frac{1}{n}\right)^n = \mathrm{e}.$$

以后我们将看到, 利用指数函数 e^x 的泰勒公式可证数 e 是无理数, 且有近似值 $\mathrm{e} \approx 2.718281828459$.

(2) 对 $n \geqslant 2$, 我们有

$$\frac{b_{n-1}}{b_n} = \left(1+\frac{1}{n-1}\right)^n \Big/ \left(1+\frac{1}{n}\right)^{n+1} = \left(1+\frac{1}{n^2-1}\right)^n \cdot \frac{n}{n+1}.$$

因为

$$\left(1+\frac{1}{n^2-1}\right)^n > \left(1+n\cdot\frac{1}{n^2-1}\right) > 1+\frac{1}{n},$$

故有

$$\frac{b_{n-1}}{b_n} > \left(1+\frac{1}{n}\right)\cdot\frac{n}{n+1} = 1,\quad n\geqslant 2.$$

从而知 $\{b_n\}$ 是严格递减的有下界数列, 它必有极限. 显然, 这个极限就是上述 $\{a_n\}$ 的极限 e. 于是成立

$$\left(1+\frac{1}{n}\right)^n < \mathrm{e} < \left(1+\frac{1}{n}\right)^{n+1},\quad n\geqslant 1. \tag{2.6}$$

(3) 此例中的数列 $\{c_n\}$ 在这里出现有点早, 因为它出现了自然对数. 我们知道自然对数定义为 $\ln x = \log_{\mathrm{e}} x$, $x>0$. 然而, 由于指数函数的性质还没有研究清楚, 对数函数的定义域还无法严格地确定. 我们先假设自然对数的定义域为 $x>0$. 由式 (2.6) 并利用公式 $\ln x^\alpha = \alpha\ln x$(这一公式的证明将在本书 4.3 节给出) 可得

$$n\ln\left(1+\frac{1}{n}\right) < 1 < (n+1)\ln\left(1+\frac{1}{n}\right),$$

或

$$\frac{1}{n+1} < \ln\frac{n+1}{n} < \frac{1}{n},\quad n\geqslant 1.$$

特别有

$$\ln(n+1) = \sum_{j=1}^{n}\ln\frac{j+1}{j} < \sum_{j=1}^{n}\frac{1}{j}.$$

由以上两式即得

$$c_{n+1}-c_n = \frac{1}{n+1} - \ln\frac{n+1}{n} < 0,$$

$$c_n = \sum_{j=1}^{n}\frac{1}{j} - \ln n > \ln(n+1) - \ln n > 0.$$

因此, 有单调有界定理即知数列 $\{c_n\}$ 收敛.

由例 2.2.4(1) 和例 2.3.3(3) 易得

$$\lim_{n\to\infty}\frac{\ln n}{n} = 0.$$

例 2.3.4　设数列 $\{a_n\}$ 满足: $a_n>0$, 且 $\lim\limits_{n\to\infty}\frac{a_{n+1}}{a_n} = a$, 则 $\lim\limits_{n\to\infty}\sqrt[n]{a_n} = a$. 由此证明 $\lim\limits_{n\to\infty}\frac{n}{\sqrt[n]{n!}} = \mathrm{e}$.

解　本例题可以直接应用例 2.2.4 之结论 (2) 而得, 请读者给出证明细节.

例 2.3.5 证明任意数列必有单调子列.

证明 设数列为 $\{a_n\}$. 对 $k \geqslant 1$, 令 $A_k = \{a_n | \ n \geqslant k\}$. 下面分两种情况讨论.

(1) 对所有 $k \geqslant 1$, $\max A_k$ 都存在. 此时, 令 $a_{n_k} = \max A_k$, 由于 A_k 越来越"小", 因此, $\{a_{n_k}\}$ 是一个单调递减的子列.

(2) 存在某个 $k \geqslant 1$, 使 $\max A_k$ 不存在. 此时易见, $\forall\ n \geqslant k$, $\max A_n$ 都不存在. 因此, 取 $a_{n_1} = a_k \in A_k$, 则存在 $n_2 > n_1 = k$, $a_{n_2} \in A_{n_1}$ 使 $a_{n_2} > a_{n_1}$. 注意到 $\max A_{n_2}$ 不存在, $a_{n_2} \in A_{n_2}$, 可知存在 $n_3 > n_2$, $a_{n_3} \in A_{n_2}$ 使 $a_{n_3} > a_{n_2}$. 以此类推可得一个单调递增的子列 $\{a_{n_j}\}$. 证毕.

例 2.3.6 设 S 为一非空集, 证明: (1) 若 S 有上界, 则在 $\sup S = a$ 的任意邻域内既有属于 S 的点, 又有不属于 S 的点, 从而存在点列 $\{x_n\}$ 与 $\{x'_n\}$, 且 $x_n \in S$, $x'_n \overline{\in} S$, 使 $\lim\limits_{n\to\infty} x_n = \lim\limits_{n\to\infty} x'_n = a$. 进一步, 若 $\sup S = a \overline{\in} S$, 则可使数列 $\{x_n\}$ 是严格递增的.

(2) 若 S 无上界, 则必有严格递增数列 $\{x_n\}$, $x_n \in S$, 使 $\lim\limits_{n\to\infty} x_n = \infty$.

因此, 不论 S 是否有上界, S 中都有数列趋于 $\sup S$.

证明 (1) 设 S 有上界. 因为 a 是 S 的上确界, 则由上确界定义知, 对任意 $n \geqslant 1$, $a - \dfrac{1}{n}$ 不是 S 的上界, 即存在 $x_n \in S$, 使

$$a - \frac{1}{n} < x_n \leqslant a.$$

两边取极限可得 $\lim\limits_{n\to\infty} x_n = a$. 取 $x'_n = a + \dfrac{1}{n}$, 则 $x'_n \overline{\in} S$, 且也有 $\lim\limits_{n\to\infty} x'_n = a$.

进一步, 若 $a \overline{\in} S$, 则 $x_n < a$. 现在只需找出 $\{x_n\}$ 的严格递增的子列. 首先, 取 $n_1 = 1$, 则 $x_{n_1} < a$, 因为 $x_n \to a$, 必有 $n_2 > n_1$, 使 $x_{n_2} > x_{n_1}$. 同理, 由于 $x_{n_2} < a$, $x_n \to a$, 又有 $n_3 > n_2$, 使 $x_{n_3} > x_{n_2}$. 以此类推, 即可获得所需要的子列 $\{x_{n_k}\}$.

(2) 设 S 无上界. 则对任意正整数 $n \geqslant 1$, 都存在 $x_n \in S$, 使成立 $x_n \geqslant n$, 于是这样得到的数列 $\{x_n\}$ 是一个无穷大量. 与上面类似可以找出其严格递增的子列.

从以上诸例我们看到, 单调有界定理和柯西收敛准则是判定数列极限存在的十分常用而且应用广泛的重要工具, 当然在运用过程中会涉及一些不等式, 这些不等式成为了处理极限问题的关键桥梁. 另有许多其他的比较具体的判定极限存在的方法, 比较著名的是下面 Stolz 的两个定理, 我们这里叙而不证.

Stolz 定理 1 $\left(\dfrac{0}{0}\text{ 型}\right)$ 设数列 $\{y_n\}$ 严格递减, 且

$$\lim_{n\to\infty} x_n = \lim_{n\to\infty} y_n = 0,$$

则当 $\lim\limits_{n\to\infty}\dfrac{x_n-x_{n+1}}{y_n-y_{n+1}}$ 存在 (有限常数或 $\pm\infty$) 时, $\lim\limits_{n\to\infty}\dfrac{x_n}{y_n}$ 也存在, 且

$$\lim_{n\to\infty}\frac{x_n}{y_n}=\lim_{n\to\infty}\frac{x_n-x_{n+1}}{y_n-y_{n+1}}.$$

Stolz 定理 2 $\left(\dfrac{\infty}{\infty}\text{型}\right)$ 设数列 $\{y_n\}$ 严格递增, 且

$$\lim_{n\to\infty}y_n=+\infty,$$

则当 $\lim\limits_{n\to\infty}\dfrac{x_{n+1}-x_n}{y_{n+1}-y_n}$ 存在 (有限常数或 $\pm\infty$) 时, $\lim\limits_{n\to\infty}\dfrac{x_n}{y_n}$ 也存在, 且

$$\lim_{n\to\infty}\frac{x_n}{y_n}=\lim_{n\to\infty}\frac{x_{n+1}-x_n}{y_{n+1}-y_n}.$$

数列极限问题常用方法总结.

1. 求极限或证明极限存在.

(1) 利用极限定义、四则运算、两边夹定理、单调有界定理、柯西收敛准则等, 在论证过程中一般会用到一些不等式;

(2) 其他方法 (利用已学过的常见的已知结果和下列方法, 其中设 $\{a_n\}$ 为给定数列).

(i) 存在收敛数列 $\{b_n\}$, 使

$$a_n=\frac{b_1+\cdots+b_n}{n},$$

$$a_n=\frac{b_1+2b_2+\cdots+nb_n}{1+2+\cdots+n},$$

或

$$a_n=\sqrt[n]{b_1\cdots b_n},\quad b_j>0,\quad j\geqslant 1,$$

则有 $\lim\limits_{n\to\infty}a_n=\lim\limits_{n\to\infty}b_n$.

(ii) 存在收敛数列 $\{b_n\}$, 使 $a_n=\sqrt[n]{b_n}$, 且 $\lim\limits_{n\to\infty}\dfrac{b_{n+1}}{b_n}=a$, 则 $\lim\limits_{n\to\infty}a_n=a$.

(iii) 存在收敛数列 $\{b_n\},\{c_n\}$ 使 $a_n=b_1+\cdots+b_n$, $b_n=c_n-c_{n+1}$, 且 $\lim\limits_{n\to\infty}c_n=c$, 则 $\lim\limits_{n\to\infty}a_n=c_1-c$.

(iv) 利用 Stolz 定理.

2. 判定数列发散.

(1) 利用柯西收敛准则;

(2) 找出一个发散到无穷大的子列;

(3) 找出两个收敛于不同极限的子列.

最后, 我们对数列做一下简单分类.

1. 有界数列.

(1) 收敛数列;

(2) 发散数列, 此时由扩充的柯西准则, 这个数列必有两个收敛于不同极限的子列.

2. 无界数列.

(1) 无穷大数列;

(2) 非无穷大数列, 此时易证, 这个数列必包含这样两个子列, 其中一个子列是无穷大数列, 一个子列是收敛数列.

2.4 第 2 章测试题与提示

2.4.1 测试题

1. 利用单调有界定理证明 $\lim\limits_{n\to\infty}\dfrac{n^k}{a^n}=0\ \ (a>1,k\in\mathbf{N}_+)$.

2. 设数列 $\{a_n\}$ 满足 $\lim\limits_{n\to\infty}\dfrac{a_1+a_2+\cdots+a_n}{n}=a\in\mathbf{R}$. 求证: $\lim\limits_{n\to\infty}\dfrac{a_n}{n}=0$.

3. 证明: 若 $a_n>0$, 且 $\lim\limits_{n\to\infty}\dfrac{a_n}{a_{n+1}}=l>1$, 则 $\lim\limits_{n\to\infty}a_n=0$.

4. 求极限 $\lim\limits_{n\to\infty}\dfrac{3^n+n^3}{3^{n+1}+(n+1)^3}$.

5. 求极限 $\lim\limits_{n\to\infty}\sqrt{n}(\sqrt[4]{n^2+1}-\sqrt{n+1})$.

6. 求证 $\lim\limits_{n\to\infty}\sqrt[n]{n\lg n}=1$.

7. 求极限 $\lim\limits_{n\to\infty}\dfrac{\sum\limits_{p=1}^{n}p!}{n!}$.

8. 求极限 $\lim\limits_{n\to\infty}[(n+1)^\alpha-n^\alpha]$, $0<\alpha<1$.

9. 设 $\{a_n\}$ 为单调数列, 若它存在一个收敛子列, 则 $\{a_n\}$ 收敛.

10. 设 $a_1>b_1>0$, 构造下列两个数列

$$a_{n+1}=\frac{a_n+b_n}{2},\quad b_{n+1}=\sqrt{a_nb_n},\quad n=1,2,\cdots.$$

证明 $\{a_n\}$ 与 $\{b_n\}$ 均收敛, 且有相同的极限.

11. 设 $\{a_n\}$ 为一有界数列, 记

$$\overline{a}_n=\sup\{a_n,a_{n+1},\cdots\},\quad \underline{a}_n=\inf\{a_n,a_{n+1},\cdots\}.$$

证明 $\{a_n\}$ 收敛当且仅当 $\{\overline{a}_n\}$ 与 $\{\underline{a}_n\}$ 有相同的极限.

12. 设 $f: I \to I$ 为一个严格增加函数, 其中 I 为区间, 设 $a_1 \in I$, $f(a_1) > a_1$, 构造数列 $\{a_n\}$ 如下: $a_{n+1} = f(a_n)$, $n \geqslant 1$. 如果存在 $x_0 \in I$ 且 $x_0 > a_1$ 使 $f(x_0) = x_0$, 则数列 $\{a_n\}$ 必收敛, 且其极限 a 不超过 x_0.

13. 设 $f: I \to I$ 为一个严格增加函数, 其中 I 为区间, 设 $a_1 \in I$, $f(a_1) < a_1$, 构造数列 $\{a_n\}$ 如下: $a_{n+1} = f(a_n)$, $n \geqslant 1$. 如果存在 $x_0 \in I$ 且 $x_0 < a_1$ 使 $f(x_0) = x_0$, 则数列 $\{a_n\}$ 必收敛, 且其极限 a 不小于 x_0.

2.4.2 提示

1. 令 $a_n = \dfrac{n^k}{a^n}$. 则 $\dfrac{a_n}{a_{n+1}} = a\left(\dfrac{n}{n+1}\right)^k$ 或 $a\left(\dfrac{n}{n+1}\right)^k a_{n+1} = a_n$. 故可得当 n 充分大时 $\dfrac{a_n}{a_{n+1}} > 1$, 这说明数列在 n 充分大时是单调递减的, 且有下界 0, 由单调有界定理可知数列 $\{a_n\}$ 有极限 $\alpha \geqslant 0$, 且满足 $a\alpha = \alpha$, 由 $a > 1$, 则 $\alpha = 0$.

2. 关键在于找出下列关系:

$$\begin{aligned}\frac{a_n}{n} &= \frac{a_1 + a_2 + \cdots + a_n}{n} - \frac{a_1 + a_2 + \cdots + a_{n-1}}{n} \\ &= \frac{a_1 + a_2 + \cdots + a_n}{n} - \frac{n-1}{n} \cdot \frac{a_1 + a_2 + \cdots + a_{n-1}}{n-1}.\end{aligned}$$

3. 取 $1 < r < l$, 由条件可知 $\exists N$, 使当 $n > N$ 时, 有 $\dfrac{a_n}{a_{n+1}} > r > 1$. 由此易得

$$0 < a_n < a_{N+1}\left(\frac{1}{r}\right)^{n-N-1},$$

于是, 由迫敛性定理即得结论. (本题也可用单调有界定理来证明.)

4. 利用极限四则运算及例 2.1.5.

5. 利用公式 $a^4 - b^4 = (a-b)(a^3 + a^2b + ab^2 + b^3)$ 或两次利用公式 $a^2 - b^2 = (a-b)(a+b)$.

6. 利用例 2.1.4.

7. 利用迫敛性定理及

$$\begin{aligned}1 < \frac{\sum\limits_{p=1}^{n} p\,!}{n!} &= \frac{\sum\limits_{p=1}^{n-2} p\,! + (n-1)! + n!}{n!} \\ &< \frac{(n-2)(n-2)! + (n-1)! + n!}{n!} < \frac{2(n-1)! + n!}{n!} \\ &= \frac{2}{n-1} + 1.\end{aligned}$$

8. 利用 $(n+1)^\alpha - n^\alpha = n^\alpha\left[\left(1+\dfrac{1}{n}\right)^\alpha - 1\right], 0<\alpha<1$ 及 $\left(1+\dfrac{1}{n}\right)^\alpha < 1+\dfrac{1}{n}$.

9. 不妨设 $\{a_n\}$ 为单调增数列, 设其收敛子列为 $\{a_{n_k}\}$, 则 $a_k \leqslant a_{n_k}$. 由于 $\{a_{n_k}\}$ 收敛, 可知 $\{a_{n_k}\}$ 有上界, 故可得 $\{a_k\}$ 有上界, 即数列 $\{a_n\}$ 收敛.

10. 首先利用均值不等式证明 $a_{n+1} \geqslant b_{n+1}$, 其次证明 $\{a_n\}$ 是递减数列, 而 $\{b_n\}$ 是递增数列.

11. 易见 $\{\overline{a}_n\}$ 与 $\{\underline{a}_n\}$ 均为有界数列, 且前者递减, 后者递增, 因此它们必分别有极限 $\overline{a}$ 与 $\underline{a}$. 又易见 $\overline{a}_n \geqslant \underline{a}_n$, 故有 $\overline{a} \geqslant \underline{a}$. 若 $\{a_n\}$ 收敛于 a, 则 $\forall\, \varepsilon > 0$, 存在 $N>0$, 使当 $n \geqslant N$ 时 $a-\varepsilon < a_n < a+\varepsilon$, 于是, 由确界之定义可知当 $n \geqslant N$ 时

$$a-\varepsilon \leqslant \underline{a}_n \leqslant \overline{a}_n \leqslant a+\varepsilon,$$

上式令 $n \to \infty$, 并利用 ε 的任意性可得 $a = \overline{a} = \underline{a}$. 反之, 设 $\overline{a} = \underline{a}$. 由于恒有 $\overline{a}_n \geqslant a_n \geqslant \underline{a}_n$, 由两边夹定理即知 $\{a_n\}$ 收敛.

12. 首先, 数列 $\{a_n\}$ 是递增的. 事实上, $a_2 = f(a_1) > a_1$, $a_3 = f(a_2) > f(a_1) = a_2$, 一般地, 设已证 $a_n > a_{n-1}$, 则 $a_{n+1} = f(a_n) > f(a_{n-1}) = a_n$. 其次成立 $a_n < x_0$. 事实上, $a_1 < x_0$, $a_2 = f(a_1) < f(x_0) = x_0$, 一般地, 设已证 $a_n < x_0$, 则 $a_{n+1} = f(a_n) < f(x_0) = x_0$. 于是由单调有界定理, 数列 $\{a_n\}$ 必收敛, 且其极限 a 不超过 x_0.

13. 与上完全类似可证数列 $\{a_n\}$ 是递减的, 且成立 $a_n > x_0$.

第3章 函数极限

3.1 函数极限的概念

3.1.1 基本问题

1. 下列三种极限是如何定义的？它们有何关系？

正无穷 $\lim\limits_{x\to+\infty} f(x)=A$ 或 $f(x)\to A\,(x\to+\infty)$;

负无穷 $\lim\limits_{x\to-\infty} f(x)=A$ 或 $f(x)\to A\,(x\to-\infty)$;

无穷 $\lim\limits_{x\to\infty} f(x)=A$ 或 $f(x)\to A\,(x\to\infty)$.

2. 下列三种极限是如何定义的？它们有何关系？

极限 $\lim\limits_{x\to x_0} f(x)=A$ 或 $f(x)\to A\,(x\to x_0)$;

右极限 $\lim\limits_{x\to x_0^+} f(x)=A$ 或 $f(x)\to A\,(x\to x_0^+)$;

左极限 $\lim\limits_{x\to x_0^-} f(x)=A$ 或 $f(x)\to A\,(x\to x_0^-)$.

3. 如何用集合的包含关系来分别给出上述六种极限定义的等价表述？

4. 如何用图示法分别给出上述六种极限定义的几何意义？

5. 应用举例 (利用极限定义).

(1) 证明 $\lim\limits_{x\to\infty}\dfrac{1}{x}=0$.

(2) 证明 $\lim\limits_{x\to-\infty}\arctan x=-\dfrac{\pi}{2}$; $\lim\limits_{x\to+\infty}\arctan x=\dfrac{\pi}{2}$.

(3) 证明 $\lim\limits_{x\to2}\dfrac{x^2-4}{x-2}=4$.

(4) 证明 $\lim\limits_{x\to x_0}\sin x=\sin x_0$; $\lim\limits_{x\to x_0}\cos x=\cos x_0$.

(5) 证明

$$\lim_{x\to x_0}\sqrt{1-x^2}=\sqrt{1-x_0^2},\ |x_0|<1;$$

$$\lim_{x\to1^-}\sqrt{1-x^2}=\lim_{x\to-1^+}\sqrt{1-x^2}=0.$$

(6) 证明 $\lim\limits_{x\to a}\sqrt{x}=\sqrt{a},\ a>0$; $\lim\limits_{x\to0^+}\sqrt{x}=0$.

3.1.2 要点讲解与注释

由数列的定义, 数列就是定义于正整数集上的一个函数. 然而, 我们并不把数列极限称为函数极限. 根据函数极限的定义, 自变量是在某一范围内连续取值 (其取值范围与极限的类型有关), 这是函数极限与数列极限的区别之一. 另一区别是, 根据自变量的变化方式来分类, 函数极限有六种不同的类型, 其中 ε-M 语言形式和 ε-δ 语言形式各有三种方式. 因此, 函数极限更为复杂. 但由于我们已经熟悉了数列极限, 因此对函数极限并不难理解. 与数列极限类似, 每一种类型的函数极限都有等价的表述 (利用集合的包含关系), 例如, 极限 $\lim\limits_{x\to x_0} f(x)=A$ 等价于: $\forall\ \varepsilon>0$, $\exists$ 点 x_0 的空心邻域 $U^\circ(\delta)$, 使有 $f(U^\circ(\delta))\subset U(A,\varepsilon)$, 而且这个表述可以推广到抽象空间. 但是, 目前来说这种表述在求极限或证明具体极限时却发挥不了作用. 此外, 对函数极限, 我们还可以利用平面图像来给出极限的几何意义 (见文献 [1]).

与数列的 ε-N 定义类似, 函数极限的 ε-M 定义中, 数 M 一般依赖于 ε, 也不是唯一存在的, 且会随着 ε 的减小而变大, 而函数极限 $f(x)\to A$ ($x\to x_0$, x_0^+ 或 x_0^-) 的 ε-δ 定义中, 应该是先给定 x_0, 再给出可以任意小的 $\varepsilon>0$, 于是量 $\delta=\delta(x_0,\varepsilon)$ 一般同时依赖于 ε 和 x_0, 也不是唯一存在的, 且会随着 ε 的减小而变小 (对固定的 x_0). 这类极限还不要求函数 f 在点 x_0 有定义, 换句话说, f 在点 x_0 是否有定义跟 f 在点 x_0 的极限是否存在是何值都没有关系. 有时, 把 f 在 x_0 的左极限 (右极限) 记为 $f(x_0-0)(f(x_0+0))$. 类似也有表示法 $f(\infty)$, $f(+\infty)$ 与 $f(-\infty)$.

另外, 不难证明, 只要有一个严格单调点列 $\{x_n\}$, 满足 $|x_n|\to+\infty$, 使得 $f(x_n)\neq A$, 则函数极限的 ε-M 定义中的量 M 作为 ε 的函数在区间 $(0,1)$ 上必是无上界的, 即 $\sup\limits_{0<\varepsilon<1} M(\varepsilon)=+\infty$. 事实上, 可取 $\varepsilon_n=|f(x_n)-A|$, 相应的 M 记为 M_n, 则当 $x>M_n$ 或 $x<-M_n$ 时就有 $|f(x)-A|<\varepsilon_n$, 这就意味着 $M_n\geqslant|x_n|$, 从而就有 $M_n\to+\infty$. 同理, 若有一个严格单调点列 $\{x_n\}$, 满足 $x_n\to x_0$, 使得 $f(x_n)\neq A$, 则函数极限的 ε-δ 定义中的量 δ 作为 ε 的函数在区间 $(0,1)$ 上必是可以任意接近于零的, 即 $\inf\limits_{0<\varepsilon<1}\delta(x_0,\varepsilon)=0$.

直接由极限之定义可得以下结论.

(1) $\lim\limits_{x\to\infty} f(x)=A$ 当且仅当 $\lim\limits_{x\to+\infty} f(x)=\lim\limits_{x\to-\infty} f(x)=A$.

(2) $\lim\limits_{x\to x_0} f(x)=A$ 当且仅当 $\lim\limits_{x\to x_0^+} f(x)=\lim\limits_{x\to x_0^-} f(x)=A$(定理 3.1).

例 3.1.1 证明 $\lim\limits_{x\to\infty}\dfrac{\sin x}{x}=0$.

证明 在这个例子中, 我们没有明确指出所涉及的函数 $\dfrac{\sin x}{x}$ 的定义域是什么, 因为在极限问题中定义域的大小并非关键, 只要不影响取极限就行. 对于此例, 可取定义域为 $(-\infty,-a)\bigcup(a,+\infty)$, $a>0$. 也可以不提及定义域问题.

任给 $\varepsilon > 0\left(\text{不妨设 } \varepsilon < \dfrac{1}{a}\right)$, 欲找 $M > 0$, 使当 $|x| > M$ 时有

$$\left|\frac{\sin x}{x} - 0\right| < \varepsilon.$$

因为当 $|x| > a$ 时总有 $\left|\dfrac{\sin x}{x}\right| \leqslant \dfrac{1}{|x|}$, 故要使上式成立, 只需 $\dfrac{1}{|x|} < \varepsilon$ 或 $|x| > \varepsilon^{-1}$. 于是, 可取 $M = \varepsilon^{-1} (> a)$, 那么, 当 $|x| > M$ 时就必有 $\left|\dfrac{\sin x}{x} - 0\right| < \varepsilon$. 即为所证.

例 3.1.2　证明:

(1) $\lim\limits_{x \to x_0} \cos x = \cos x_0$;

(2) $\lim\limits_{x \to x_0} \sin x = \sin x_0$;

(3) $\lim\limits_{x \to 0^+} \dfrac{\sin x}{\sqrt{x}} = 0$.

证明　我们先建立不等式

$$\sin u < u < \tan u, \quad u \in \left(0, \frac{\pi}{2}\right) \tag{3.1}$$

与

$$|\sin u| \leqslant |u|, \quad u \in \mathbf{R}. \tag{3.2}$$

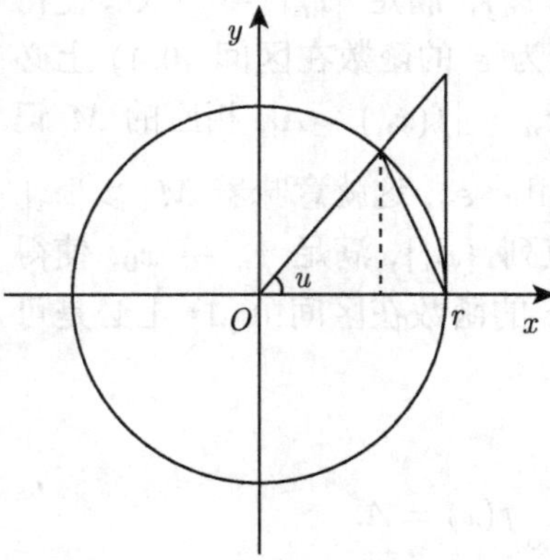

图 3.1　面积示意图

在 xOy 平面上考虑中心在原点、半径为 r 的圆周, 如图 3.1 所示, 当 $u \in \left(0, \dfrac{\pi}{2}\right)$ 时以 u 为角度, 存在两个三角形 Δ_1 与 Δ_2, 以及一个扇形 Λ, 其中 Δ_1 有两个顶点在圆周上, 而 Δ_2 是直角三角形且包含 Δ_1. 显然, 它们的面积满足下列关系:

$$S_{\Delta_1} < S_{\Lambda} < S_{\Delta_2}.$$

注意到三角形 Δ_1 与 Δ_2 的高分别是 $r\sin u$ 与 $r\tan u$, 从而

$$S_{\Delta_1} = \frac{1}{2}r^2 \sin u, \quad S_{\Delta_2} = \frac{1}{2}r^2 \tan u, \quad S_{\Lambda} = \frac{1}{2}r^2 u.$$

因而不等式 (3.1) 成立.

再考虑不等式 (3.2). 首先, 当 $|u| \geqslant 1$ 时它显然成立, 故只需设 $|u| < 1$. 由式 (3.1) 知, 它对 $u \in (0,1)$ 也成立. 而 $|\sin u|$ 与 $|u|$ 均为偶函数, 故不等式 (3.2) 对 $u \in (-1, 0)$ 成立. 最后, 它对 $u = 0$ 显然成立. 从而得知 (3.2) 对一切实数 u 成立.

现在我们利用不等式 (3.2) 来证明本例中的三个极限. 事实上, 我们有

$$\cos x-\cos x_0=-2\sin\frac{x+x_0}{2}\sin\frac{x-x_0}{2},$$

于是

$$|\cos x-\cos x_0|\leqslant 2\left|\sin\frac{x-x_0}{2}\right|,$$

由此及式 (3.2) 即得 $|\cos x-\cos x_0|\leqslant|x-x_0|$. 这样, $\forall\,\varepsilon>0$, 取 $\delta=\varepsilon$, 则当 $0<|x-x_0|<\delta$ 时就有 $|\cos x-\cos x_0|<\varepsilon$. 从而 $\lim\limits_{x\to x_0}\cos x=\cos x_0$. 即得极限 (1). 类似可得极限 (2).

再一次利用不等式 (3.2), 又得

$$\left|\frac{\sin x}{\sqrt{x}}\right|\leqslant\frac{x}{\sqrt{x}}=\sqrt{x},\quad x>0.$$

易见, 可取 $\delta=\varepsilon^2$, 则当 $0<x<\delta$ 时必有 $\left|\dfrac{\sin x}{\sqrt{x}}\right|<\varepsilon$. 即得证 $\lim\limits_{x\to 0^+}\dfrac{\sin x}{\sqrt{x}}=0$.

我们指出, 上面我们对式 (3.2) 的推导与文献 [1] 略有不同. 建议读者仔细分析与思考文献 [1] 对式 (3.2) 的推导过程, 看看能不能发现点问题.

例 3.1.3 证明 $\lim\limits_{x\to+\infty}\dfrac{x}{c^x}=0,\ c>1$.

证明 令 $n=[x]$, 则 $n\leqslant x<n+1$, 从而有 $c^x\geqslant c^n$, $x<n+1$. 于是

$$0<\frac{x}{c^x}<\frac{n+1}{c^n},\quad x>0.$$

由例 2.1.5 知 $\lim\limits_{n\to\infty}\dfrac{n+1}{c^n}=0$, 故 $\forall\,\varepsilon>0$, $\exists\,N>0$, 使当 $n>N$ 时有 $\dfrac{n+1}{c^n}<\varepsilon$, 取 $M=N+1$, 则当 $x>M$ 时有 $n>x-1>N$, 从而由上述不等式得 $0<\dfrac{x}{c^x}<\varepsilon$, 即有 $\lim\limits_{x\to+\infty}\dfrac{x}{c^x}=0$.

例 3.1.4 证明 $\lim\limits_{x\to a}\sqrt{x}=\sqrt{a},\ a>0$.

证明 我们有

$$|\sqrt{x}-\sqrt{a}|=\left|\frac{(\sqrt{x}-\sqrt{a})(\sqrt{x}+\sqrt{a})}{\sqrt{x}+\sqrt{a}}\right|=\frac{|x-a|}{\sqrt{x}+\sqrt{a}},$$

故对 $x>0$, 我们有

$$|\sqrt{x}-\sqrt{a}|<\frac{|x-a|}{\sqrt{a}}.\tag{3.3}$$

从而, $\forall\, \varepsilon > 0$(不妨设 $\varepsilon < \sqrt{a}$), 取 $\delta = \sqrt{a}\varepsilon$, 则当 $0 < |x-a| < \delta$ 时就有 $x > a-\delta = \sqrt{a}(\sqrt{a}-\varepsilon) > 0$, 且 $|\sqrt{x}-\sqrt{a}| < \varepsilon$. 即得证 $\lim\limits_{x\to a}\sqrt{x} = \sqrt{a}$.

这里我们解释一下上面例子中为什么先要设 $\varepsilon < \sqrt{a}$. 不等式 (3.3) 是在 $x > 0$ 的条件下得到的, 于是为了使 $0 < |x-a| < \delta$ 能够保证 $x > 0$, 这样就需要 $\varepsilon < \sqrt{a}$. 如果不事先要求 ε 满足这个不等式, 那么为了使 $0 < |x-a| < \delta$ 能够保证 $x > 0$, 就需要取 $\delta = \min\{\sqrt{a}\varepsilon, a\}$.

上述两种寻求 δ 的方法都是正确合理的, 尽管所求得的 δ 未必相等. 后面的例子也有类似做法.

例 3.1.5　证明 $\lim\limits_{x\to 1}\dfrac{2x^2-x-1}{x^2-1} = \dfrac{3}{2}$.

证明　我们有

$$\left|\frac{2x^2-x-1}{x^2-1}-\frac{3}{2}\right| = \left|\frac{(x-1)(2x+1)}{(x-1)(x+1)}-\frac{3}{2}\right| = \frac{|x-1|}{2(x+1)}.$$

于是, 当 $x > 0$ 时成立

$$\left|\frac{2x^2-x-1}{x^2-1}-\frac{3}{2}\right| < \frac{|x-1|}{2}.$$

从而, $\forall\, \varepsilon > 0\Big($不妨设 $\varepsilon < \dfrac{1}{2}\Big)$, 取 $\delta = 2\varepsilon$, 则当 $0 < |x-1| < \delta$ 时就有 $x > 1-\delta = 1-2\varepsilon > 0$, 且 $\left|\dfrac{2x^2-x-1}{x^2-1}-\dfrac{3}{2}\right| < \varepsilon$.

例 3.1.6　证明 $\lim\limits_{x\to x_0}\sqrt{1-x^2} = \sqrt{1-x_0^2}$, $|x_0| < 1$.

证明　因为 $|x| \leqslant 1$, $|x_0| < 1$, 易知

$$|\sqrt{1-x^2}-\sqrt{1-x_0^2}| = \frac{|x^2-x_0^2|}{\sqrt{1-x^2}+\sqrt{1-x_0^2}},$$

故

$$|\sqrt{1-x^2}-\sqrt{1-x_0^2}| \leqslant \frac{|x+x_0||x-x_0|}{\sqrt{1-x_0^2}} \leqslant \frac{2|x-x_0|}{\sqrt{1-x_0^2}},$$

于是, $\forall\, \varepsilon > 0\Big($不妨设 $\varepsilon < \dfrac{2(1-|x_0|)}{\sqrt{1-x_0^2}}\Big)$, 取 $\delta = \dfrac{\sqrt{1-x_0^2}}{2}\varepsilon$, 则当 $0 < |x-x_0| < \delta$ 时有

$$|x| \leqslant |x-x_0| + |x_0| < \delta + |x_0| = \frac{\sqrt{1-x_0^2}}{2}\varepsilon + |x_0| \leqslant 1,$$

且 $|\sqrt{1-x^2}-\sqrt{1-x_0^2}| < \varepsilon$. 即为所证.

对于例 3.1.6, 若不事先假定 $\varepsilon<\dfrac{2(1-|x_0|)}{\sqrt{1-x_0^2}}$, 那么就需要另取 δ 为

$$\delta=\min\left\{\frac{\sqrt{1-x_0^2}}{2}\varepsilon,1-|x_0|\right\},$$

以保证当 $0<|x-x_0|<\delta$ 时函数 $\sqrt{1-x^2}$ 有定义.

对此例, 我们还可以采用另一种方法, 即利用函数极限的定义 (回顾: 设函数 f 在点 x_0 的某空心邻域 $U^\circ(x_0;\delta')$ 内有定义, A 为定数. 若对任给的 $\varepsilon>0$, 存在正数 $\delta(<\delta')$, 使得当 $0<|x-x_0|<\delta$ 时有 $|f(x)-A|<\varepsilon$, 则称函数 f 当 $x\to x_0$ 时以 A 为极限). 在这个定义中有一个量 δ', 而对此例而言, 可以取 $\delta'=1-|x_0|$, 因为量 δ 要满足 $\delta<\delta'$, 那么利用 $\delta=\dfrac{\sqrt{1-x_0^2}}{2}\varepsilon<\delta'$ 就得到

$$\sqrt{1-x_0^2}\varepsilon<2(1-|x_0|),$$

即有

$$\varepsilon<2\frac{\sqrt{1-|x_0|}}{\sqrt{1+|x_0|}}.$$

该例取自文献 [1] 第 3 章的例 6, 请读者比较一下上述论证与文献 [1] 里有何不同.

上述三个例子中, 我们都事先对 ε 给出了一个明确的上限 (事实上这个上限是在求出了 δ 之后才定出来的), 这样做显得我们的论证过程是严密的. 其实, 不这么做也不失逻辑的严密性, 因为 ε 的落脚点在于 "任意小", 也就是说我们不妨把 "$\forall\ \varepsilon>0$" 理解成 "$\forall$ 充分小的 $\varepsilon>0$" 或 "$\forall$ 适当小的 $\varepsilon>0$".

例 3.1.7 设 $A\in\mathbf{R}$. 试根据极限定义给出 "$\lim\limits_{x\to\infty}f(x)=A$" 与 "$\lim\limits_{x\to x_0}f(x)=A$" 不成立的等价条件.

解 根据函数极限的 ε-M 定义, 以下三点是等价的:

(1) 结论 $\lim\limits_{x\to\infty}f(x)=A$ 不成立;

(2) $\exists\,\varepsilon_0>0$, 使得对任意的 $M>0$, 都有一个 x(与 M 有关), 满足 $|x|>M$, 且 $|f(x)-A|\geqslant\varepsilon_0$;

(3) $\exists\,\varepsilon_0>0$, $\exists$ 无穷大数列 $\{x_n\}$, 使对一切 $n\geqslant1$ 都有 $|f(x_n)-A|\geqslant\varepsilon_0$.

同理函数极限的 ε-δ 定义可给出 $\lim\limits_{x\to x_0}f(x)=A$ 不成立的等价条件. 请读者自己完成.

我们已经看到, 按自变量的变化方式函数极限共有六种情况, 其中四种是单侧极限; 这些极限的定义中蕴含了双侧极限与单侧极限的关系. 函数极限定义中有若

干量, 一定要搞清楚这些量出现的顺序: f, x_0, A, ε, δ. 按照这个顺序, 后出现的量一般是依赖于已经出现的量. 例如, 限定 ε 小于某个量, 这个量可能跟 x_0 有关.

在有关函数极限一些例子中, 为了适当的放大不等式, 对自变量 x 的变化范围有事先限定, 进而便于求出 δ. 有时为了严密性 (例如考虑到函数的定义域), 对小量 ε 的取值有限定. 其实, 所做限定范围的大小不是本质的 (甚至可以说, 熟练以后可不必这么做).

在做题时一定要清楚需要做什么, 要达到什么样的目的, 要思考采用何种方法和手段来完成任务.

3.2 函数极限的性质

3.2.1 基本问题

1. 函数极限有哪些性质, 如何获得? (与数列极限类比)
2. 这些极限性质对六种类型的函数极限都成立吗?
3. 应用举例.

(1) 求极限 $\lim\limits_{x\to\infty}\dfrac{5x^3-3x+7}{3x^3+2x^2+5}$;

(2) 求极限 $\lim\limits_{x\to 0}x\left[x^{-1}\right]$;

(3) 求极限 $\lim\limits_{x\to 0}a^x$, $a>0$;

(4) 求极限 $\lim\limits_{x\to -1}\left(\dfrac{1}{x+1}-\dfrac{3}{x^3+1}\right)$;

(5) 已知 $\lim\limits_{x\to 2}\dfrac{x^2+Ax+B}{x^2-4}=B-7$, 求 A 和 B.

3.2.2 要点讲解与注释

数列极限所具有的基本性质, 函数极限也都具有, 证明的思路也是一样的, 只是其表达方式略有不同. 下面分别列出如下性质 (其中归结原则放到 3.3 节学习).

(1) 极限唯一性: 极限若存在则必是唯一的.

(2) 局部有界性: 极限存在则函数局部有界 (在某空心邻域内).

(3) 保序性 (以 $x\to a$ 时的极限为例): 设 $\lim\limits_{x\to a}f(x)=A$, $\lim\limits_{x\to a}g(x)=B$, 则

(i) 若 $A>B$, 则当 $|x-a|>0$ 充分小时有 $f(x)>g(x)$, $f(x)>B$, $A>g(x)$;

(ii) 若当 $|x-a|>0$ 充分小时有 $f(x)\geqslant g(x)$, 则 $A\geqslant B$.

(4) 保号性: 若 $\lim\limits_{x\to a}f(x)=A\neq 0$, 则当 $|x-a|>0$ 充分小时 $f(x)$ 与 A 同号, 且 $|f(x)|>|A|/2$.

(5) 迫敛性或两边夹定理 (涉及三个函数及其极限).

(6) 函数极限的四则运算.

上述六条性质对六种类型的极限都是成立的, 不同的只是自变量 x 的变化范围. 下面给出这些性质的简单应用.

例 3.2.1 求极限 $\lim\limits_{x\to\infty}\dfrac{5x^3-3x+7}{3x^3+2x^2+5}$.

解 在这个例子中, 所出现的函数是个分式, 其分子和分母都是三次多项式, 因此, 很自然地, 我们就把分子和分母同除以 x^3, 然后利用极限的四则运算, 即有

$$\lim_{x\to\infty}\frac{5x^3-3x+7}{3x^3+2x^2+5}=\lim_{x\to\infty}\frac{5-3\dfrac{1}{x^2}+7\dfrac{1}{x^3}}{3+2\dfrac{1}{x}+5\dfrac{1}{x^3}}=\frac{5}{3}.$$

上式利用了 $\lim\limits_{x\to\infty}\dfrac{1}{x}=\lim\limits_{x\to\infty}\dfrac{1}{x^2}=\lim\limits_{x\to\infty}\dfrac{1}{x^3}=0$, 这不难从例 3.1.1 看出.

例 3.2.2 求极限 $\lim\limits_{x\to 0}x\left[\dfrac{1}{x}\right]$.

解 设 $x\neq 0$, 则有下列两个互相等价的不等式

$$\frac{1}{x}-1<\left[\frac{1}{x}\right]\leqslant\frac{1}{x}\quad 与\quad \left[\frac{1}{x}\right]\leqslant\frac{1}{x}<\left[\frac{1}{x}\right]+1,$$

利用它们之中的任何一个都可以完成证明, 只是这种方法需要分别考虑左右极限, 并证明

$$\lim_{x\to 0^+}x\left[\frac{1}{x}\right]=1,\quad \lim_{x\to 0^-}x\left[\frac{1}{x}\right]=1.$$

这里, 我们采用另一方法来证明, 不用上面的不等式, 而是用与之相关的等式:

$$\frac{1}{x}=\left[\frac{1}{x}\right]+r(x),\quad 0\leqslant r(x)<1.$$

于是

$$1=x\left[\frac{1}{x}\right]+xr(x),$$

或

$$x\left[\frac{1}{x}\right]-1=-xr(x),$$

因此

$$-|x|\leqslant x\left[\frac{1}{x}\right]-1\leqslant|x|.$$

令 $x\to 0$, 并利用两边夹定理即得 $\lim\limits_{x\to 0}x\left[\dfrac{1}{x}\right]=1$.

例 3.2.3 设 $a>0,\ a\neq 1$. 证明:

(1) $\lim\limits_{x\to 0}a^x=1$;

(2) $\lim_{x\to1}\log_a x=0$. (这里先假设对数函数对一切正数有定义)

证明 (1) 对此例, 我们可以利用极限定义和指数函数的单调性直接证之. 此处, 我们利用两边夹定理和有关数列极限的结果来证明. 设 $x\neq0$, 令 $n=[|x|^{-1}]$, 则 $n\leqslant|x|^{-1}$, 即 $|x|\leqslant n^{-1}$ 从而 $-\frac{1}{n}\leqslant x\leqslant\frac{1}{n}$. 于是由指数函数的单调性和例 1.4.7 知

$$\sqrt[n]{a^{-1}}\leqslant a^x\leqslant\sqrt[n]{a}\quad(\text{当 } a>1 \text{ 时}),$$

$$\sqrt[n]{a}\leqslant a^x\leqslant\sqrt[n]{a^{-1}}\quad(\text{当 } 0<a<1 \text{ 时}).$$

由于

$$\lim_{n\to\infty}\sqrt[n]{a}=\lim_{n\to\infty}\sqrt[n]{a^{-1}}=1,$$

故由两边夹定理即得 $\lim_{x\to0}a^x=1$.

(2) 利用极限定义、公式 (1.6) 和指数函数的单调性易证 $\lim_{x\to1}\log_a x=0$, 且有 $\delta=a^\varepsilon-1$(当 $a>1$ 时) 或 $\delta=a^{-\varepsilon}-1$(当 $a<1$ 时).

例 3.2.4 已知 $\lim_{x\to2}\frac{x^2+Ax+B}{x^2-4}=B-7$, 求 A 和 B.

解 该例所出现的函数是个分式, 当 $x\to2$ 时分母趋于零, 故依题意, 分子也要趋于零. 于是, 常数 A 和 B 应满足 $4+2A+B=0$, 将 B 解出, 并代入极限可得

$$\lim_{x\to2}\frac{x^2+Ax+B}{x^2-4}=\lim_{x\to2}\frac{(x-2)(x+2+A)}{x^2-4}=\frac{4+A}{4}.$$

这样利用题设条件又得 A 和 B 所满足的另一方程 $\frac{4+A}{4}=B-7$, 从而可解得 $A=-\frac{16}{3}$, $B=\frac{20}{3}$.

利用极限定义, 不难证明下述结论 (请读者自己完成).

例 3.2.5 (复合函数的极限) 设 $\lim_{x\to a}g(x)=b$, $\lim_{u\to b}f(u)=A$, 且当 $|x-a|>0$ 充分小时 $g(x)\neq b$(注: 若函数 f 在 $u=b$ 有定义, 且 $f(b)=A$, 则就不必要求 $g(x)\neq b$), 则 $\lim_{x\to a}f\circ g(x)=A$.

由此例即知

$$\lim_{x\to0}\sin(a^x-1)=0,\quad\lim_{x\to0}a^{\sin x}=1,\quad a>0.$$

我们指出, 文献 [1] 中本节习题 1, 5, 8 中共有 8 个小题都需要用到下面的公式:

$$a^n-b^n=(a-b)(a^{n-1}+a^{n-2}b+\cdots+ab^{n-2}+b^{n-1}).$$

3.3 函数极限存在条件

3.3.1 基本问题

1. 海涅归结原则是如何说的, 又是如何证的? 如果把 "极限 $\lim\limits_{n\to\infty} f(x_n)$ 都存在且相等" 改为 "极限 $\lim\limits_{n\to\infty} f(x_n)$ 都存在", 这一归结原则还成立吗?

2. 四种形式的单侧极限之归结原则又是如何说的? 试给出叙述和证明.

3. 单调有界函数的四种形式的单侧极限的存在性是如何证明的? 试利用改述后的归结原则和数列的单调有界定理给出不同于课本中证法的证明.

4. 柯西准则是如何说的, 又是如何证的? 并思考: 四种形式的单侧极限有相应的柯西准则吗? 再思考: 函数极限的柯西准则的证明只用到哪一个定理?

5. 试给出柯西准则的逆否命题 (即极限不存在的充分必要条件).

3.3.2 要点讲解与注释

海涅归结原则建立了函数极限与数列极限的关系, 它有以下三种表达方式.

(1) $\lim\limits_{x\to x_0} f(x)=A \Leftrightarrow \forall\, x_n\to x_0(x_n\neq x_0)$, 都有 $\lim\limits_{n\to\infty} f(x_n)=A$.

(2) $\lim\limits_{x\to x_0} f(x)$ 存在 $\Leftrightarrow \forall\, x_n\to x_0(x_n\neq x_0)$, $\lim\limits_{n\to\infty} f(x_n)$ 都存在.

(3) $\lim\limits_{x\to x_0} f(x)=A \Leftrightarrow \forall\, x_n\to x_0(x_n\neq x_0)$, $\{x_n\}$ 严格单调, 都有 $\lim\limits_{n\to\infty} f(x_n)=A$.

第一个说法强调极限值 A(这一结论的充分性之证明适于用反证法), 而第二个说法着重极限存在 (用反证法和数列的归结原则易见, 如果 $\forall\, x_n\to x_0(x_n\neq x_0)$, $\lim\limits_{n\to\infty} f(x_n)$ 都存在, 则所有这些极限都必相等). 对第三个说法, 由于强调了数列 $\{x_n\}$ 严格单调, 极限值 A 就必须出现. 因为左右极限存在且相等就能保证极限存在, 于是利用单侧极限的归结原则即可知道这第三个说法是对的.

海涅归结原则的证明只涉及函数极限的定义, 无须用到其他定理. 此外, 上述第二个说法的逆否命题如下:

$\lim\limits_{x\to x_0} f(x)$ 不存在 $\Leftrightarrow \exists\, x_n\to x_0(x_n\neq x_0)$, 使得 $\lim\limits_{n\to\infty} f(x_n)$ 不存在 (这里注意, 按照定义, 无穷大数列是不存在极限的).

当 $x\to\infty$ 时的海涅归结原则也有相应的三种表述方式. 类似地, 四种单侧极限也有这三种表述方式, 以右极限 $f(x_0+0)$ 为例.

(1) $\lim\limits_{x\to x_0^+} f(x)=A \Leftrightarrow \forall\, x_n\to x_0(x_n>x_0)$, 都有 $\lim\limits_{n\to\infty} f(x_n)=A$.

(2) $\lim\limits_{x\to x_0^+} f(x)$ 存在 $\Leftrightarrow \forall\, x_n\to x_0(x_n>x_0)$, $\lim\limits_{n\to\infty} f(x_n)$ 都存在.

(3) $\lim\limits_{x\to x_0^+} f(x)$ 存在 $\Leftrightarrow \forall\, x_n\to x_0$, $\{x_n\}$ 严格减, $\lim\limits_{n\to\infty} f(x_n)$ 都存在.

利用这第三个说法和数列的单调有界定理即知在 x_0 右侧附近单调有界的函数一定存在右极限, 即得文献 [1] 中定理 3.10. 教材中是应用确界原理来证明这一定理的.

六种形式的海涅归结原则对三种非正常极限 (即三种无穷大极限, 其定义将在 3.5 节给出) 也成立, 例如,

$$\lim_{x\to x_0} f(x)=\infty \iff \forall\, x_n\to x_0\ \ (x_n\neq x_0),\ \ \text{都有}\ \ \lim_{n\to\infty} f(x_n)=\infty.$$

请读者自证.

六种形式的函数极限都有其相应的柯西准则, 其证明本质上只用到一个定理, 即数列的柯西准则. 若再运用函数极限的归结原则, 则可以简化其充分性的证明. 事实上, 假设 $\forall\, \varepsilon>0$, $\exists\, \delta>0$, 使当 $0<|x_i-x_0|<\delta(i=1,2)$ 时有 $|f(x_1)-f(x_2)|<\varepsilon$. 现任取数列 $\{x_n\}$, 满足 $x_n\to x_0$, $x_n\neq x_0$, 则存在 $N>0$ 使当 $n>N$ 时 $0<|x_n-x_0|<\delta$, 故当 $m,n>N$ 时必有 $|f(x_m)-f(x_n)|<\varepsilon$, 从而由数列的柯西准则知数列 $\{f(x_n)\}$ 收敛, 于是由归结原则知, 极限 $\lim\limits_{x\to x_0} f(x)$ 存在.

柯西准则的逆否命题有两种表达方式, 分别叙述如下.

(1) 极限 $\lim\limits_{x\to x_0} f(x)$ 不存在当且仅当存在某数 $\varepsilon_0>0$, 使得对任何 $\delta>0$(不论多么小), 都有 x_1 和 x_2, 满足 $0<|x_j-x_0|<\delta$, 且 $|f(x_1)-f(x_2)|\geqslant\varepsilon_0$.

(2) 极限 $\lim\limits_{x\to x_0} f(x)$ 不存在当且仅当存在某数 $\varepsilon_0>0$, 和数列 $\{x_n^{(1)}\}$ 和 $\{x_n^{(2)}\}$, 满足 $0<|x_n^{(j)}-x_0|\to 0(n\to\infty)$, $j=1,2$, 使对一切 $n\geqslant 1$ 有 $|f(x_n^{(1)})-f(x_n^{(2)})|\geqslant\varepsilon_0$.

与扩充的数列柯西准则 (见 2.3 节) 完全类似可证如下命题.

(3) 如果函数 f 在 x_0 的某空心邻域内有界, 则极限 $\lim\limits_{x\to x_0} f(x)$ 不存在当且仅当存在收敛于 x_0 的数列 $\left\{x_n^{(1)}\right\}$ 和 $\left\{x_n^{(2)}\right\}$, 使 $\left\{f\left(x_n^{(1)}\right)\right\}$ 和 $\left\{f\left(x_n^{(2)}\right)\right\}$ 收敛于不同的极限.

上述诸结论和归结原则都可用来判别一些函数极限不存在.

我们指出, 函数的柯西收敛准则对三种非正常极限不再成立.

例 3.3.1 极限 $\lim\limits_{x\to\infty}\sin x$ 是否存在?

解 考虑方程组 $\sin x=0$, $\sin y=1$, 易得 $x=\pm n\pi$, $y=\dfrac{\pi}{2}\pm 2n\pi$, 于是, 取数列 $x_n=n\pi$, $y_n=\dfrac{\pi}{2}+2n\pi$, 则

$$\lim_{n\to\infty} x_n=\lim_{n\to\infty} y_n=\infty,\quad |\sin x_n-\sin y_n|=1,$$

从而, 由归结原则或柯西准则即知所述极限不存在.

例 3.3.2 极限 $\lim\limits_{x\to 0}\dfrac{1}{x^2}$ 是否存在?

解 取 $x_n = \dfrac{1}{n}$, 则 $\dfrac{1}{x_n^2} = n^2$, 相应的数列是无穷大量, 是发散的, 故由归结原则知所述极限不存在.

以后将看到, 当 $x \to 0$ 时函数 $\dfrac{1}{x^2}$ 是无穷大量, 它发散到无穷大, 因此我们也说它有非正常极限. 有的教材把非正常极限也叫做极限, 而按照我们所用的教材, 非正常极限不是极限. 这些都不是什么问题, 也不是自相矛盾, 只是说法不同而已. 但为了形式统一和处理方便, 可能把无穷大、正无穷大、负无穷大都视为正常极限看起来会更自然一些.

例 3.3.3 证明 $f:[a,b] \to \mathbf{R}$ 是有界函数当且仅当对任意 $x_0 \in [a,b]$, 存在其邻域 $U(x_0)$, 使得 f 在 $U(x_0) \bigcap [a,b]$ 上有界.

证明 必要性显然. 现证充分性. 用反证法. 设 $f:[a,b] \to \mathbf{R}$ 是无界函数, 则对任意正整数 $n \geqslant 1$, 必存在 $x_n \in [a,b]$, 使 $|f(x_n)| > n$, 从而 $\{f(x_n)\}$ 是无穷大数列, 其任何子列也是无穷大数列.

另一方面, 由致密性定理, 数列 $\{x_n\}$ 有收敛子列 $\{x_{n_k}\}$. 设 $\lim\limits_{k \to \infty} x_{n_k} = x_0$. 显然, $x_0 \in [a,b]$. 由所设条件, 存在邻域 $U(x_0)$, 使得 f 在 $U(x_0) \bigcap [a,b]$ 上有界. 换句话说, 存在 $M > 0$ 和 $\delta > 0$, 使当 $x \in [a,b] \bigcap (x_0 - \delta, x_0 + \delta)$ 时 $|f(x)| < M$. 于是当 k 充分大时有 $|f(x_{n_k})| < M$, 这与 $\{f(x_n)\}$ 是无穷大数列矛盾.

例 3.3.4 设 $f:(a,b) \to \mathbf{R}$ 是一严格单调函数, 且 $f((a,b)) = (c,d)$. 证明

(1) 对任一 $x_0 \in (a,b)$ 有 $\lim\limits_{x \to x_0} f(x) = f(x_0)$;

(2) 对任一 $x_0 \in (c,d)$ 有 $\lim\limits_{x \to x_0} f^{-1}(x) = f^{-1}(x_0)$.

证明 证法 1. 以 (1) 为例证之, (2) 完全类似可证 (也可直接由 (1) 得出, 因为严格单调函数的反函数也是严格单调的). 为确定计, 不妨设 f 是严格增加的. 对给定的 $x_0 \in (a,b)$, 存在 $\varepsilon > 0$ 和 x_0 的某邻域 $U(x_0)$, 使 $U(x_0) \subset [a+\varepsilon, b-\varepsilon]$, 于是由条件知 $f(U(x_0)) \subset [f(a+\varepsilon), f(b-\varepsilon)] \subset (c,d)$, 从而 f 在邻域 $U(x_0)$ 上有界. 由单调有界定理知它在点 x_0 的左右极限均存在, 且由极限的保序性知 $f(x_0-0) \leqslant f(x_0) \leqslant f(x_0+0)$. 为完成证明, 只需证

$$f(x_0-0) = f(x_0) = f(x_0+0).$$

用反证法. 若上式不成立, 不妨设 $f(x_0-0) < f(x_0)$, 则存在常数 $\lambda \in (c,d)$, 使 $f(x_0-0) < \lambda < f(x_0)$. 再由极限的保序性, 存在充分小的 $\delta > 0$, 使 $(x_0-\delta, x_0) \subset U(x_0)$, 且

$$f(x) < \lambda < f(x_0), \quad x \in (x_0-\delta, x_0).$$

由于 f^{-1} 是严格增加的, 注意到 $f^{-1}(f(x)) = x$, 故由上式可得

$$x < f^{-1}(\lambda) < x_0, \quad x \in (x_0-\delta, x_0).$$

令 $x \to x_0^-$, 上式左边取极限, 可得 $x_0 \leqslant f^{-1}(\lambda) < x_0$, 矛盾. 证毕.

证法 2. 仍以 (1) 为例证之, 且设 f 是严格增加的. $\forall\, \varepsilon > 0$, $x_0 \in (a,b)$, 由条件知 $f(x_0) \in (c,d)$, 因此可设 ε 适当小使 $f(x_0) \pm \varepsilon \in (c,d)$. 于是对 $x \in (a,b)$, 不等式 $|f(x) - f(x_0)| < \varepsilon$ 等价于

$$f^{-1}(f(x_0) - \varepsilon) < x < f^{-1}(f(x_0) + \varepsilon),$$

或

$$-\delta_2(x_0, \varepsilon) < x - x_0 < \delta_1(x_0, \varepsilon),$$

其中

$$\delta_1(x_0,\varepsilon) = f^{-1}(f(x_0)+\varepsilon) - x_0, \quad \delta_1(x_0,\varepsilon) = x_0 - f^{-1}(f(x_0)-\varepsilon).$$

易见, δ_1 与 δ_2 均有定义且为正数. 于是取 $\delta = \min\{\delta_1(x_0,\varepsilon),\ \delta_2(x_0,\varepsilon)\}$, 则当 $|x - x_0| < \delta$ 时必有 $|f(x) - f(x_0)| < \varepsilon$. 即为所证.

3.4　两个重要的极限

3.4.1　基本问题

1. 极限 $\lim\limits_{x\to 0} \dfrac{\sin x}{x} = 1$ 是如何证明的?

2. 极限 $\lim\limits_{x\to\infty} \left(1 + \dfrac{1}{x}\right)^x = \mathrm{e}$ 是如何证明的?

3. 两个重要极限的应用.

(1) 求 $\lim\limits_{x\to 0} \dfrac{1-\cos x}{x^2}$;

(2) 求 $\lim\limits_{x\to \pi} \dfrac{\sin x}{\pi - x}$;

(3) 证明 $\lim\limits_{t\to 0} \left(1 + t\right)^{\frac{1}{t}} = \mathrm{e}$;

(4) 求 $\lim\limits_{x\to 0} \left(1 + 2x\right)^{\frac{1}{x}}$;

(5) 求 $\lim\limits_{x\to\infty} \left(\dfrac{2x+1}{2x+3}\right)^x$;

(6) 求 $\lim\limits_{n\to\infty} \left(1 + \dfrac{1}{n} - \dfrac{1}{n^2}\right)^n$.

4. 请仔细阅读文献 [1] 3.4 节的内容, 并找出哪里用到了幂函数的单调性 (这一结论尚未证明), 共有几处用到了文献 [1] 中定理 4.10 的公式 $a^{x+y} = a^x a^y$ 与 $(a^x)^y = a^{xy}$.

3.4.2 要点讲解与注释

前面我们在 3.1 节建立了不等式

$$\sin x < x < \tan x, \quad 0 < x < \frac{\pi}{2},$$

或

$$\cos x < \frac{\sin x}{x} < 1, \quad 0 < x < \frac{\pi}{2}.$$

由此, 利用两边夹定理和前面的例 3.1.2 即得 $\lim\limits_{x\to 0^+}\dfrac{\sin x}{x}=1$. 由于函数 $\dfrac{\sin x}{x}$ 在 $x\neq 0$ 上是偶函数, 故有

$$\lim_{x\to 0}\frac{\sin x}{x}=\lim_{x\to 0^+}\frac{\sin x}{x}=\lim_{x\to 0^-}\frac{\sin x}{x}=1.$$

这是第一个重要极限. 对第二个极限, 需要分别考虑 $x\to+\infty$ 和 $x\to-\infty$. 对 $x\to+\infty$ 的情况, 令 $n=[x]$, 利用 $n\leqslant x<n+1$ 易得 (注: 下式需要利用指数函数与幂函数的单调性, 而幂函数的单调性问题将在 4.3 节里给出证明 (该节的定理 D), 这里用到该结论不会有逻辑问题)

$$\left(1+\frac{1}{n+1}\right)^n < \left(1+\frac{1}{x}\right)^x < \left(1+\frac{1}{n}\right)^{n+1}.$$

于是利用两边夹定理即得

$$\lim_{x\to+\infty}\left(1+\frac{1}{x}\right)^x=\lim_{n\to\infty}\left(1+\frac{1}{n}\right)^n=\mathrm{e}.$$

当 $x\to-\infty$ 时, 令 $y=-x$, 则有 (注: 下式第 2, 3 个等号均需要用到上面出现过的指数函数的两个公式)

$$\left(1+\frac{1}{x}\right)^x=\left(1-\frac{1}{y}\right)^{-y}=\left(\frac{y}{y-1}\right)^y=\left(1+\frac{1}{y-1}\right)^{y-1}\left(1+\frac{1}{y-1}\right),$$

由此又得

$$\lim_{x\to-\infty}\left(1+\frac{1}{x}\right)^x=\lim_{y\to+\infty}\left(1+\frac{1}{y-1}\right)^{y-1}\left(1+\frac{1}{y-1}\right)=\mathrm{e}.$$

于是 $\lim\limits_{x\to\infty}\left(1+\dfrac{1}{x}\right)^x=\mathrm{e}$.

这两个极限之所以被称为重要极限是因为它们是后面讨论初等函数的连续性和导数的基础. 今举例说明如何利用它们来求一些函数甚至数列的极限.

例 3.4.1 求 $\lim\limits_{x\to 0}\dfrac{1-\cos x}{\sin^2 x}$.

解　我们有恒等式 $1-\cos x=2\sin^2\dfrac{x}{2}$. 于是

$$\lim_{x\to 0}\frac{1-\cos x}{\sin^2 x}=\lim_{x\to 0}\frac{1}{2}\left(\frac{\sin\dfrac{x}{2}}{\dfrac{x}{2}}\right)^2\left(\frac{x}{\sin x}\right)^2=\frac{1}{2}.$$

例 3.4.2　求 $\lim\limits_{x\to 0}\dfrac{\tan x-\sin x}{x\sin^2 x}$.

解　我们有

$$\frac{\tan x-\sin x}{x\sin^2 x}=\frac{\sin x}{x}\frac{1}{\cos x}\frac{1-\cos x}{\sin^2 x}.$$

于是由例 3.4.1 可知

$$\lim_{x\to 0}\frac{\tan x-\sin x}{x\sin^2 x}=\frac{1}{2}.$$

例 3.4.3　求 $\lim\limits_{x\to 0}\left\{\lim\limits_{n\to\infty}\left[\cos x\cos\dfrac{x}{2}\cdots\cos\dfrac{x}{2^n}\right]\right\}$.

解　利用恒等式

$$\cos\frac{x}{2^k}\sin\frac{x}{2^k}=\frac{1}{2}\sin\frac{x}{2^{k-1}},\quad k=1,\cdots,n,$$

易证

$$\cos x\cos\frac{x}{2}\cdots\cos\frac{x}{2^n}=\frac{\cos x\sin x}{2^n\sin\dfrac{x}{2^n}}.$$

故有

$$\begin{aligned}\lim_{n\to\infty}\cos x\cos\frac{x}{2}\cdots\cos\frac{x}{2^n}&=\lim_{n\to\infty}\frac{\cos x\sin x}{x}\frac{\dfrac{x}{2^n}}{\sin\dfrac{x}{2^n}}\\&=\frac{\cos x\sin x}{x}.\end{aligned}$$

于是

$$\lim_{x\to 0}\left\{\lim_{n\to\infty}\left[\cos x\cos\frac{x}{2}\cdots\cos\frac{x}{2^n}\right]\right\}=\lim_{x\to 0}\frac{\cos x\sin x}{x}=1.$$

例 3.4.4　求 $\lim\limits_{x\to\infty}\left(\dfrac{2x+1}{2x+3}\right)^x$.

解　由于 $\dfrac{2x+1}{2x+3}=1-\dfrac{2}{2x+3}$, 令 $y=-\dfrac{2}{2x+3}$, 则有 $x=-\dfrac{1}{y}-\dfrac{3}{2}$, 且

$$\left(\frac{2x+1}{2x+3}\right)^x=\left(\left(1+y\right)^{\frac{1}{y}}\right)^{-1}\left(1+y\right)^{-\frac{3}{2}}.$$

于是

$$\lim_{x\to\infty}\left(\frac{2x+1}{2x+3}\right)^x=\lim_{y\to 0}\left(\left(1+y\right)^{\frac{1}{y}}\right)^{-1}\left(1+y\right)^{-\frac{3}{2}}=\mathrm{e}^{-1}.$$

例 3.4.5 求 $\lim\limits_{n\to\infty}\left(1+\dfrac{1}{n}-\dfrac{1}{n^2}\right)^n$.

解 令 $a_n=\dfrac{1}{n}-\dfrac{1}{n^2}=\dfrac{1}{n}\left(1-\dfrac{1}{n}\right)$, 则 $n=\dfrac{1}{a_n}\left(1-\dfrac{1}{n}\right)$. 于是

$$\left(1+\frac{1}{n}-\frac{1}{n^2}\right)^n=\left[\left(1+a_n\right)^{\frac{1}{a_n}}\right]^{1-\frac{1}{n}}=\frac{b_n}{\sqrt[n]{b_n}},$$

其中 $b_n=\left(1+a_n\right)^{\frac{1}{a_n}}$. 由于 $\lim\limits_{n\to\infty}b_n=\mathrm{e}$(归结原则), 可知当 n 充分大时 $1<b_n<3$, 从而对这样的 n 有 $1<\sqrt[n]{b_n}<\sqrt[n]{3}$, 由两边夹定理就得 $\lim\limits_{n\to\infty}\sqrt[n]{b_n}=1$. 故有

$$\lim_{n\to\infty}\left(1+\frac{1}{n}-\frac{1}{n^2}\right)^n=\lim_{n\to\infty}\frac{b_n}{\sqrt[n]{b_n}}=\mathrm{e}.$$

顺便指出, 上述两例中均用到了尚未证明的指数函数的两个公式. 细心的读者不难发现, 文献 [1] 中第二个重要极限的推导及其应用例子 (文献 [1] 的第 59 页的例 3 与第 60 页的例 5) 也用到了这两个公式; 而且这一节的部分习题也需要用到这两个公式才能解决. 这不会引起逻辑上的问题, 因为这两个公式的证明不涉及这个重要极限.

3.5 无穷小量与无穷大量

3.5.1 基本问题

1. 无穷小量和有界量是如何定义的?

2. 高阶无穷小量、同阶无穷小量、等价无穷小量又是如何定义的? 小 “o”、大 “O” 和 “$\sim$” 各表示什么含义?

3. 什么是非正常极限? 六种极限形式的无穷大量是如何定义的? 函数极限的归结原则对三类非正常极限是否成立?

4. 无穷小量和无穷大量既包括数列又包括函数, 对吗? 无穷小量和无穷大量有何关系? 无界函数一定是无穷大量吗?

5. 平面曲线的渐近线是如何定义的? 又如何求渐近线的方程呢?

3.5.2 要点讲解与注释

按照自变量的变化方式所出现的六种函数极限 (其中两种 (双边) 极限, 四种单侧极限) 均有有界量和无穷小量的概念. 为确定起见, 这里以 $x\to x_0$ 为例来解释这些概念. 所谓有界量就是指在 x_0 的某空心邻域内的有界函数 f, 我们将这类函数记为 $f=O(1)$(这只是个记法, 仅表示它是个有界量, 不管其值如何), 而无穷小量

就是当 $x \to x_0$ 时极限为零的函数 f, 这一类函数记为 $f = o(1)$(当 $x \to x_0$ 时), 或 $|f(x)| \ll 1$. 由定义易见, 极限与无穷小量这两个概念有密切关系, 例如, 以 $x \to x_0$ 这种情况的极限为例, 成立下述结论:

$$\lim_{x\to x_0} f(x) = A \Leftrightarrow f(x) - A = o(1)\ (\text{当 } x \to x_0 \text{ 时}).$$

现设有两个函数 f 与 g, 当 $x \to x_0$ 时它们都是无穷小量, 如果当 $x \to x_0$ 时

$$\frac{f(x)}{g(x)} = O(1), \quad \frac{g(x)}{f(x)} = O(1),$$

则称 f 与 g 为同阶无穷小量. 如果当 $x \to x_0$ 时 $\dfrac{f(x)}{g(x)} = o(1)$, 则称 f 是 g 的高阶无穷小量, 记为 $f(x) = o(g(x))$, 或 $|f(x)| \ll |g(x)|$. 进一步, 如果 $\lim\limits_{x\to x_0} \dfrac{f(x)}{g(x)} = 1$, 则称当 $x \to x_0$ 时 f 与 g 是等价无穷小量, 记为 $f(x) \sim g(x)$. 在求解函数极限时正确利用等价无穷小量可带来方便, 其实质是把函数中出现的有确定非零极限的因子或因式 (或人为地出现这种因子或因式) 先取极限, 使得极限问题求解简便.

类似地, 六种函数极限也有无穷大量的概念, 所谓无穷大量就是以 ∞, $+\infty$ 或 $-\infty$ 为非正常极限的函数. 无穷大量也有量级的比较, 例如, 设有两个无穷大量 f 与 g(当 $x \to x_0$ 时), 如果 $\dfrac{1}{f(x)}$ 是 $\dfrac{1}{g(x)}$ 的高阶无穷小量, 即 $\dfrac{1}{f(x)} = o\left(\dfrac{1}{g(x)}\right)$, 则称 f 是 g 的高阶无穷大量, 记为 $g(x) = o(f(x))$, 或 $|g(x)| \ll |f(x)|$(或 $|f(x)| \gg |g(x)|$).

利用重要极限 $\lim\limits_{x\to 0} \dfrac{\sin x}{x} = 1$ 知, 当 $x \to 0$ 时

$$\sin x \sim x, \quad \tan x \sim x, \quad \arctan x \sim x,$$

$$1 - \cos x \sim \frac{1}{2}x^2, \quad \tan x - \sin x \sim \frac{1}{2}x^3.$$

利用重要极限 $\lim\limits_{x\to\infty} \left(1 + \dfrac{1}{x}\right)^x = \mathrm{e}$ 或 $\lim\limits_{x\to 0} \left(1 + x\right)^{\frac{1}{x}} = \mathrm{e}$ 可知 $\lim\limits_{x\to 0} \ln\left(1 + x\right)^{\frac{1}{x}} = 1$(利用极限定义容易证明这一点), 从而当 $x \to 0$ 时

$$\ln(1 + x) \sim x, \quad \mathrm{e}^x - 1 \sim x. \tag{3.4}$$

这里我们指出, 证明式 (3.4) 第一式需要利用

$$\ln\left(1 + x\right)^{\frac{1}{x}} = \frac{1}{x} \ln\left(1 + x\right),$$

而这一式可由 4.3 节中的定理 C 得到, 而这一定理的证明需要利用指数函数的两个公式. 这里不会出现逻辑上的矛盾, 因为这两个公式的证明仅仅用到指数函数的

定义及其单调性和连续性等 (详见 4.3 节). 在式 (3.4) 第一式中令 $y=\ln(1+x)$, 则 $x=\mathrm{e}^y-1$, 于是由式 (3.4) 第一式即得其第二式.

由此进一步可证以下几例.

例 3.5.1 对任意实数 α, 当 $x\to 0$ 时有 $(1+x)^\alpha-1\sim\alpha x$.

解 由式 (3.4), 我们有

$$(1+x)^\alpha-1=\mathrm{e}^{\alpha\ln(1+x)}-1\sim\alpha\ln(1+x)\sim\alpha x.$$

即为所证.

例 3.5.2 证明当 $x\to+\infty$ 时有

$$1\ll\ln x\ll x\ll a^x,$$

当 $x\to-\infty$ 时有 $a^x\to 0$, 其中 $a>1$. 进一步可知, 若 $0<a<1$, 则

$$\lim_{x\to+\infty}a^x=0,\quad \lim_{x\to-\infty}a^x=+\infty.$$

证明 首先, 由函数的无穷大量的定义易知, $\lim\limits_{x\to+\infty}\ln x=+\infty$, 即当 $x\to+\infty$ 时有 $\ln x\gg 1$.

其次, 令 $n=[x]$, 则 $n\leqslant x<n+1$, 于是

$$\frac{\ln n}{n+1}<\frac{\ln x}{x}<\frac{\ln(n+1)}{n},$$

$$\frac{n}{a^{n+1}}<\frac{x}{a^x}<\frac{n+1}{a^n},$$

其中 $a>1$. 由两边夹定理即知成立

$$\lim_{x\to+\infty}\frac{\ln x}{x}=0,\quad \lim_{x\to+\infty}\frac{x}{a^x}=0,$$

从而 $\ln x\ll x\ll a^x$.

类似可证 $\lim\limits_{x\to-\infty}a^x=0$, 证毕.

同样, 上述两例都隐含地利用到本书 4.3 节中的定理 C.

例 3.5.3 设当 $x\to x_0$ 时 $u(x)\to a$, $v(x)\to b$, $a>0$, 又假设已证指数函数与对数函数在其定义域上都是连续的, 则

$$\lim_{x\to x_0}[u(x)]^{v(x)}=a^b.$$

证明　假设已证指数函数与对数函数都是连续的，利用这一假设以及两次利用复合函数的极限性质，易见当 $x\to x_0$ 时

$$[u(x)]^{v(x)}=\mathrm{e}^{v(x)\ln u(x)}\to\mathrm{e}^{b\ln a}=a^b.$$

上式中利用了 $\ln[u(x)]^{v(x)}=v(x)\ln u(x)$，也涉及指数函数的两个公式.

例 3.5.4　设有函数 $f:(a,+\infty)\to\mathbf{R}$，在任意有限区间 (a,b) 上有界，且 $\lim\limits_{x\to+\infty}[f(x+1)-f(x)]=A$，则 $\lim\limits_{x\to+\infty}\dfrac{f(x)}{x}=A$.

证明　因为 $\lim\limits_{x\to+\infty}[f(x+1)-f(x)]=A$，故 $\forall\,\varepsilon>0$，$\exists$ 正整数 $M>0$ 使得当 $x\geqslant M$ 时成立 $|f(x+1)-f(x)-A|<\varepsilon$. 令 $x=[x]+r(x)$(其中 $0\leqslant r<1$)，$m=[x]-M$，则有

$$x-M=m+r,\quad x-m=M+r,\quad Ax=Am+A(M+r),$$

以及

$$f(x)-Ax=\sum_{j=1}^{m}[f(x+j-1)-f(x-j)-A]+f(M+r)-A(M+r).$$

于是，当 $x\geqslant M$ 时

$$\begin{aligned}|f(x)-Ax|&\leqslant m\varepsilon+|f(M+r)|+|A|(M+1)\\&<x\varepsilon+|f(M+r)|+|A|(M+1).\end{aligned}$$

又因为 f 在区间 $[M,M+1)$ 上有界，故存在 $K=K(\varepsilon)>0$，使 $|f(M+r)|\leqslant K$. 再设 $N=N(\varepsilon)>M$ 使当 $x>N$ 时

$$\frac{1}{x}[K+|A|(M+1)]<\varepsilon.$$

那么，当 $x>N$ 时有

$$\left|\frac{f(x)}{x}-A\right|=\frac{1}{x}|f(x)-Ax|<\varepsilon+\frac{1}{x}[K+|A|(M+1)]<2\varepsilon.$$

下面给出无穷小量概念运用的一个例子.

例 3.5.5　已知 $\lim\limits_{x\to0}\left[\dfrac{f(x)-1}{x}-\dfrac{\sin x}{x^2}\right]=2$，求 $\lim\limits_{x\to0}f(x)$.

解　由所设条件知 $\dfrac{f(x)-1}{x}-\dfrac{\sin x}{x^2}=2+\alpha(x)$，其中 $\alpha(x)$ 是一无穷小量 (当 $x\to0$ 时). 于是从这一等式可解得

$$f(x)=1+2x+\frac{\sin x}{x}+x\alpha(x).$$

由此, 并注意到 $x\alpha(x)$ 是一个无穷小量, 易见 $\lim\limits_{x\to 0} f(x)=2$.

学到这里, 请读者从第 1 章开始再把书认真看一遍, 每句话都要搞明白, 每个题都要会做, 总结解题方法, 思考定理证明, 加深知识理解, 提高数学推演能力.

3.6 第 3 章测试题与提示

3.6.1 测试题

1. 利用极限定义证明 $\lim\limits_{x\to 3}\dfrac{x-1}{x+1}=\dfrac{1}{2}$.

2. 讨论函数 $f(x)=\dfrac{1}{x}-\left[\dfrac{1}{x}\right]$ 当 x 趋于 $\dfrac{1}{n}$ 时的极限与单侧极限, 这里 $n=1,2,3,\cdots$.

3. 设函数 $f(x)$ 为 $[a,+\infty)$ 上的单调递增函数, 则函数极限 $\lim\limits_{x\to+\infty} f(x)$ 存在有限的充要条件是 $f(x)$ 有上界.

4. 设 $f(x)>0$, $\lim\limits_{x\to x_0} f(x)=A$. 证明 $\lim\limits_{x\to x_0}\sqrt[n]{f(x)}=\sqrt[n]{A}$, 其中, $n\geqslant 2$ 为正整数.

5. 证明 $\lim\limits_{x\to x_0}\sqrt[3]{x}=\sqrt[3]{x_0}$.

6. 试分别给出 $\lim\limits_{x\to x_0} f(x)=A$ 与 $\lim\limits_{x\to x_0^+} f(x)=A$ 不成立的等价条件.

7. 设 $\lim\limits_{x\to x_0} f(x)=A$. 证明 $\lim\limits_{h\to 0} f(x_0+h)=A$.

8. 设 $\lim\limits_{x\to a} f(x)=A$, $a>0$. 证明 $\lim\limits_{x\to\sqrt{a}} f(x^2)=A$.

9. 求极限 $\lim\limits_{x\to 0}\dfrac{\sqrt{1-\cos x^2}}{1-\cos x}$.

10. 确定 α 的值, 使 $\sin 2x-2\sin x$ 与 x^{α} 当 $x\to 0$ 时为同阶无穷小量.

11. 求极限 $\lim\limits_{x\to 1}\left(\dfrac{m}{1-x^m}-\dfrac{n}{1-x^n}\right)$, 其中 m,n 为正整数.

12. (利用渐近线的方法) 求出满足 $\lim\limits_{x\to+\infty}(\sqrt{x^2-x+1}-ax-b)=0$ 的常数 a 和 b.

3.6.2 提示

1. 令 $0<|x-3|<1$, 即 $2<x<4$, 则有

$$\left|\frac{x-1}{x+1}-\frac{1}{2}\right|=\left|\frac{x-3}{2(x+1)}\right|<\frac{1}{6}|x-3|.$$

由此可知对于 $\forall\varepsilon>0$, 可取 $\delta=\min\{1,6\varepsilon\}$.

2. 当 $x\in\left(\frac{1}{n},\frac{1}{n-1}\right)$ 时, 则有 $\frac{1}{x}\in(n-1,n)$, 故 $\left[\frac{1}{x}\right]=n-1$, 从而有

$$\lim_{x\to\frac{1}{n}^+}f(x)=n-(n-1)=1.$$

而当 $x\in\left(\frac{1}{n+1},\frac{1}{n}\right)$ 时, 则 $\frac{1}{x}\in(n,n+1)$, $\left[\frac{1}{x}\right]=n$, 从而有

$$\lim_{x\to\frac{1}{n}^-}f(x)=n-n=0.$$

3. 若 $\lim\limits_{x\to+\infty}f(x)$ 存在, 由局部有界性, 存在 $b>a$, $M>0$ 使当 $x\in[b,+\infty)$ 时有 $|f(x)|\leqslant M$. 可知对 $x\in[a,+\infty)$ 有 $f(x)\leqslant M$.

反之, 设 $f(x)$ 在 $[a,+\infty)$ 上有上界, 则 $f(x)$ 在 $[a,+\infty)$ 有上确界, 设 $A=\sup\limits_{x\in[a,+\infty)}f(x)$, 则 $\forall x\in[a,+\infty)$, $f(x)\leqslant A$, 而且 $\forall\varepsilon>0$, $\exists x_0\in[a,+\infty)$, 使得

$$f(x_0)>A-\varepsilon.$$

易见当 $x>x_0$ 时 $|f(x)-A|<\varepsilon$.

4. 因为 $f(x)>0$, 则 $A\geqslant0$, 对 A 分为两种情况讨论.

1° $A=0$. 则 $\forall\varepsilon>0$, $\exists\ \delta>0$, 当 $0<|x-x_0|<\delta$ 时, 成立 $|f(x)|<\varepsilon^n$, 即 $|\sqrt[n]{f(x)}-0|<\varepsilon$.

2° $A>0$. 利用

$$\begin{aligned}|\sqrt[n]{f(x)}-\sqrt[n]{A}|&=\frac{|f(x)-A|}{\sqrt[n]{f(x)^{n-1}}+\sqrt[n]{f(x)^{n-2}A}+\cdots+\sqrt[n]{f(x)A^{n-2}}+\sqrt[n]{A^{n-1}}}\\&<\frac{|f(x)-A|}{\sqrt[n]{A^{n-1}}}.\end{aligned}$$

5. 分 $x_0=0$, $x_0>0$, $x_0<0$ 三种情况讨论之.

6. 在 $\lim\limits_{x\to x_0}f(x)=A$ 的定义中, 把"任给"改成"存在", 而把"存在"改成"任给", 就可得到 $\lim\limits_{x\to x_0}f(x)=A$ 不成立的条件.

7. 直接利用极限定义.

8. 利用极限定义或复合函数求极限法则.

9. 利用极限四则运算, 重要极限 $\lim\limits_{x\to0}\frac{\sin x}{x}=1$ 及

$$\frac{\sqrt{1-\cos x^2}}{1-\cos x}=\frac{\sqrt{2}\sin\dfrac{x^2}{2}}{2\sin^2\dfrac{x}{2}}=\frac{\sqrt{2}\sin\dfrac{x^2}{2}}{\dfrac{x^2}{2}}\left(\frac{\dfrac{x}{2}}{\sin\dfrac{x}{2}}\right)^2.$$

10. 利用当 $x \to 0$ 时,

$$\sin 2x - 2\sin x = 2\sin x(\cos x - 1) = -4\sin^2\frac{x}{2}\sin x \sim -4x\left(\frac{x}{2}\right)^2 = -x^3.$$

11. 令 $f_{n-1}(x) = 1 + x + x^2 + \cdots + x^{n-1}$, 则

$$\frac{m}{1-x^m} - \frac{n}{1-x^n} = \frac{mf_{n-1}(x) - mn}{(1-x)f_{m-1}(x)f_{n-1}(x)} - \frac{nf_{m-1}(x) - mn}{(1-x)f_{m-1}(x)f_{n-1}(x)}.$$

于是

$$\begin{aligned}\frac{mf_{n-1}(x) - mn}{(1-x)f_{m-1}(x)f_{n-1}(x)} &= \frac{m[(x-1) + (x^2-1) + \cdots + (x^{n-1}-1)]}{(1-x)f_{m-1}(x)f_{n-1}(x)} \\ &= -\frac{m[1 + (1+x) + \cdots + (1 + x + \cdots + x^{n-2})]}{f_{m-1}(x)f_{n-1}(x)} \\ &\to -\frac{m[1 + 2 + 3 + \cdots + (n-1)]}{mn} = -\frac{n-1}{2} \quad (x \to 1).\end{aligned}$$

同理

$$\frac{nf_{m-1}(x) - mn}{(1-x)f_{m-1}(x)f_{n-1}(x)} \to -\frac{m-1}{2} \quad (x \to 1).$$

故

$$\lim_{x\to 1}\left(\frac{m}{1-x^m} - \frac{n}{1-x^n}\right) = \frac{m-n}{2}.$$

12. 设 $y = ax + b$ 为函数 $y = \sqrt{x^2 - x + 1}$ 的渐近线, 则

$$a = \lim_{x\to+\infty}\frac{\sqrt{x^2-x+1}}{x} = \lim_{x\to+\infty}\sqrt{1 - \frac{1}{x} + \frac{1}{x^2}} = 1,$$

$$b = \lim_{x\to+\infty}(\sqrt{x^2-x+1} - x) = \lim_{x\to+\infty}\frac{1-x}{\sqrt{x^2-x+1}+x} = -\frac{1}{2}.$$

第 4 章　函数的连续性

4.1　连续性概念

4.1.1　基本问题

1. 函数在一点连续，在一点左、右连续，各是如何定义的？

2. 如何理解函数在一点连续？

3. 间断点 (又称不连续点) 是如何定义的，又是如何分类的？

4. 什么是区间上的连续函数？什么是区间上的分段连续函数？试比较不同教材中分段连续函数的定义.

5. 定义于 $[0,1]$ 上的黎曼函数在区间 $(0,1)$ 内任一无理点处连续、有理点处不连续，是如何证明的？该函数在端点的连续性如何？

4.1.2　要点讲解与注释

我们来谈谈如何理解函数在一点连续. 函数 f 在一点 x_0 连续的定义很简洁，即 $\lim\limits_{x\to x_0} f(x)=f(x_0)$. 该式包含以下几点：① f 必须在点 x_0 的某邻域内有定义，② 当 $x\to x_0$ 时 f 必须有极限，③ 该极限必须等于 f 在点 x_0 的函数值 $f(x_0)$. 我们可以利用极限的 ε-δ 语言来等价地描述 f 在 x_0 的连续性，即函数 f 在一点 x_0 连续当且仅当 $\forall\,\varepsilon>0, \exists\,\delta>0$, 使当 $|x-x_0|<\delta$ 时有 $|f(x)-f(x_0)|<\varepsilon$. 我们还可以引入自变量增量 $\Delta x=x-x_0$ 和函数增量 $\Delta y=y-y_0=f(x)-f(x_0)=f(\Delta x+x_0)-f(x_0)$, 则函数 f 在一点 x_0 连续当且仅当 $\lim\limits_{\Delta x\to 0}\Delta y=0$. 这里，“增量” 理解为在零附近取值 (可正可负) 的变量.

此外，我们在第 3 章学过的有关求极限或判别极限存在的方法都可以用来讨论函数在一点的连续性.

与上述完全类似，我们可以理解函数在一点左连续与右连续. 特别地，函数 f 在一点 x_0 连续当且仅当它在 x_0 既是左连续又是右连续的.

按照上面的理解，函数 f 在点 x_0 不连续，有以下几种可能.

(1) f 在点 x_0 的任一空心邻域内都没有定义，例如，$f(x)=\sqrt{x}$, 其定义域是 $x\geqslant 0$, 根据定义它在 $x=0$ 是不连续的 (但它在该点是右连续的). 又如，$f(x)=\sqrt{x}+\sqrt{-x}$, 该函数只在 $x=0$ 有定义，它在 $x=0$ 也是不连续的 (既不是左连续也不是右连续). 再如，$f(x)=\ln\sqrt{x}$, 它在 $x=0$ 没有定义, 根据定义它在 $x=0$ 是不

连续的 (既不是左连续也不是右连续). 这样一类函数在给定点 x_0 的连续性直接从其定义域就可以看出来，我们不妨称这一类不连续点是平凡间断点.

(2) f 在点 x_0 的某一空心邻域内有定义，而在点 x_0 本身可能有定义也可能没有定义. 进一步，又有三种情况. ① 极限 $\lim\limits_{x\to x_0} f(x)=A$ 存在 (此时 f 在点 x_0 本身没有定义或有定义但 $A\neq f(x_0)$). 对这一类函数，我们只需补充或改变 f 在点 x_0 的定义就可使其在 x_0 连续 (即补充或重新定义 f 在 x_0 的值为 A, 则所得新函数在点 x_0 连续)，这样的不连续点 x_0 称为 f 的可去间断点，我们将这样的间断点归为第一类间断点. 例如 $f(x)=\dfrac{\sin x}{x}$, 它在 $x=0$ 是不连续的 (既不是左连续也不是右连续)，但我们可以补充它在 $x=0$ 的定义为 1，则所得新函数在点 $x=0$ 就连续了. ② f 在 x_0 的左右极限均存在有限但不相等 (此时极限 $\lim\limits_{x\to x_0} f(x)$ 不存在)，我们称这样的不连续点为跳跃间断点，并将它们归为第一类间断点. ③ f 在 x_0 的左右极限至少有一个不存在 (此时极限 $\lim\limits_{x\to x_0} f(x)$ 不存在)，我们把这一类不连续点归为第二类间断点.

于是，我们把所有可能的不连续点分为三类.

(1) 平凡间断点，其特征是函数在其任意空心邻域内都没有定义.

(2) 第一类间断点，其特征是左右极限都存在，可能是可去间断点，也可能是跳跃间断点, 别无其他可能.

(3) 第二类间断点，其特征是左右极限不都存在，此时，函数在这类间断点的小邻域内出现振荡或无界.

一般来说，讨论某函数在某点的连续性时都至少假定函数在该点的某空心邻域内有定义，因此，“平凡间断点” 在实际例子中一般不会出现，而且，这个提法在其他任何书中都是没有的. 此外，我们强调，上述分类只限于不连续点，而对 “右不连续点” 与 “左不连续点” 尚没有这样的分类. 其实，对这类单侧不连续点也不妨简单地分为两类，例如对右不连续点，右极限存在 (且有限) 属于第一类，右极限不存在属于第二类.

对定义于一区间 I 上的函数 f，我们说这个函数在区间 I 上连续 (记为 $f\in C(I)$)，如果任取 $x_0\in I$, ① 若 x_0 不是 I 的端点 (即是其内点)，则 f 在 x_0 连续; ② 若 x_0 是 I 的左端点 (右端点)，则 f 在 x_0 右连续 (左连续). 因此，论及函数在区间端点处的连续性时永远是指单侧连续性 (因为按照定义，函数在区间端点处总是不连续的).

对定义于一区间 I 上的函数 f，我们说这个函数在区间 I 上是分段连续的，如果① f 在 I 的内部 (即 I 去掉端点) 仅有有限个间断点，且均为第一类的; ② 若 I 在左端点 (右端点) 是闭的，则 f 在该端点存在右极限 (左极限). 换句话说，如果 f 在 I 上所有可能的间断点 (包括单侧间断点) 仅有有限个，且都是第一类的，就

称它是 I 上的分段连续函数. 例如，函数 $y=[x]$ 与 $y=x-[x]$ 在区间 $[-3,3]$ 上是分段连续的, 在 $(-3,3]$ 上也是分段连续的.

将上述定义与文献 [1] 中的定义做一比较，读者不难发现它们在叙述上有三点区别 (区间内部间断点的个数与端点处的连续性问题，以及区间的类别).

例 4.1.1 由例 3.1.2 知函数 $\sin x$ 与 $\cos x$ 在 $\mathbf{R}$ 上是连续的.

例 4.1.2 设

$$f(x)=\begin{cases}\dfrac{\sin x}{x}, & x<0,\\ a, & x=0,\\ 1+x+b, & x>0,\end{cases}$$

其中 a，b 为常数. 问：(1) a，b 为何值时, $\lim\limits_{x\to 0}f(x)$ 存在? (2) a，b 为何值时, $f(x)$ 在点 $x=0$ 连续?

解 由于 $\lim\limits_{x\to 0^-}f(x)=1$, $\lim\limits_{x\to 0^+}f(x)=1+b$, 故当 $b=0$ 时极限 $\lim\limits_{x\to 0}f(x)$ 存在且等于 1. 又因为 $f(0)=a$, 因而当 $a=1$, $b=0$ 时 $f(x)$ 在点 $x=0$ 连续.

例 4.1.3 试讨论黎曼函数 $R:[0,1]\to\mathbf{R}$ 的连续性，其中

$$R(x)=\begin{cases}\dfrac{1}{q}, & x=\dfrac{p}{q}\in(0,1)\ (p,q\text{ 为互素正整数}),\\ 0, & x=0,1\text{及}(0,1)\text{内的无理数}.\end{cases}$$

解 设 x_0 为区间 $[0,1]$ 的内点，即 $x_0\in(0,1)$. 函数 $R(x)$ 在这种点 x_0 的连续性问题课本中已有很好的讨论. 此处，我们用归结原则来讨论这一问题 (不同于教材)，并进一步讨论 $R(x)$ 在端点 0 与 1 的连续性.

关键是要证明 $\lim\limits_{x\to x_0}R(x)=0$. 为此，我们只要证明 $R(x_0\pm 0)=0$. 由于类似性，只证 $R(x_0-0)=0$. 现设 $\{x_n\}$ 为任一严格增数列，且 $x_n\to x_0$. 则只可能有以下三种可能：

(1) 存在正整数 N, 使当 $n\geqslant N$ 时每个 $x_n=p_n/q_n$ 都是有理数. 注意到 $0<p_n<q_n$, 且集合 $\{x_n|\ n\geqslant N\}$ 为无穷集，故 q_n 的任意子列都是无穷大数列，于是 q_n 本身必是无穷大数列，从而 $R(x_n)\to 0(n\to\infty)$.

(2) 存在正整数 N, 使当 $n\geqslant N$ 时每个 x_n 都是无理数. 此时也有 $R(x_n)\to 0(n\to\infty)$，因为当 $n\geqslant N$ 时 $R(x_n)=0$.

(3) 数列 $\{x_n\}$ 有两个子列 $\{x_{n_k}\}$ 与 $\{x_{m_k}\}$, 均为严格增的，前者每项都是有理数，后者每项都是无理数，且满足 $\{x_n|\ n\geqslant 1\}=\{x_{n_k},x_{m_k}|\ k\geqslant 1\}$. 由上面两步的讨论易见当 $k\to\infty$ 时 $R(x_{n_k})\to 0$, $R(x_{m_k})\to 0$. 于是 $R(x_n)\to 0(n\to\infty)$.

从而由归结原则知 $R(x_0-0)=0$. 同理可证 $R(x_0+0)=0$. 于是，我们证明了 $\lim\limits_{x\to x_0}R(x)=0$. 由此及函数 $R(x)$ 的定义即知，R 在 $x_0\in(0,1)$ 连续当且仅当 x_0 为无理数.

由上述讨论，我们还看到 $R(0+0)=0, R(1-0)=0$, 即知 R 在 $x=0$ 是右连续的，而在 $x=1$ 是左连续的.

例 4.1.4　设函数 f 在 (a,b) 上单调, 若点 x_0 为函数 f 的间断点, 则该点必是 f 的第一类间断点.

证明　不妨设 f 在 (a,b) 上是单调增的, 则当 $a<x<x_0$ 时 $f(x)\leqslant f(x_0)$, 由单调有界定理知左极限 $f(x_0-0)$ 存在，且 $f(x_0-0)\leqslant f(x_0)$. 同理，右极限 $f(x_0+0)$ 存在且 $f(x_0+0)\geqslant f(x_0)$. 于是由定义知若 x_0 为间断点, 它一定是第一类的.

4.2　连续函数的性质

4.2.1　基本问题

1. 在某一点连续的函数有哪些 (局部) 性质，又是如何获得的?
2. 闭区间上连续函数有哪三个 (非局部) 基本性质?
3. 区间上单调连续函数的反函数的连续性是如何证明的?
4. 思考理解: 函数连续和一致连续的区别在何处?
5. 试证明设 $a<0<b$, 且 a 与 b 均为有限数. 若函数 f 在区间 $(a,0]$ 和 $[0,b)$ 都一致连续，则它必在 (a,b) 一致连续, 而且存在左极限 $f(b-0)$ 和右极限 $f(a+0)$.

4.2.2　要点讲解与注释

连续函数的性质有两类，一类是局部性质，指在某一点邻域内的性质; 一类是非局部性质，指的是函数在一个区间上的性质. 关于局部性质，如文献 [1] 中所列，有如下四条.

(1) 局部有界性;

(2) 局部保号性;

(3) 四则运算 (连续函数的和差积商也连续);

(4) 复合函数的连续性 (连续函数的复合函数也是连续的). 这一结论可延伸如下: 若函数 $f(u)$ 在 $u=u_0$ 连续，而当 $x\to x_0$ 函数 $g(x)$ 收敛于 u_0, 则

$$\lim_{x\to x_0} f(g(x)) = f(\lim_{x\to x_0} g(x)) = f(u_0). \tag{4.1}$$

在上述极限式中将 $x\to x_0$ 改为 $x\to x_0^{\pm}$ 或 $x\to\pm\infty$ 仍成立 (请读者对比例 3.2.5 的结论).

以上性质都是函数极限有关性质的自然延伸和直接推论.

非局部性质虽与局部性质有关，但在理论和应用中都更为重要. 连续函数的非局部性质也有四条，我们列出如下.

(1) 最值定理: 闭区间 $[a,b]$ 上的连续函数必有最大值和最小值 (即值域 $f([a,b])$ 必有最大数和最小数).

证明 文献 [1] 中用反证法证明了这一定理. 其实，也可以直接证明, 而且更简单. 事实上，设 $y_0 = \sup\limits_{x\in[a,b]} f(x) \leqslant +\infty$, 则由例 2.3.6 知，存在 $x_n \in [a,b]$, 使 $f(x_n) \to y_0$(当 $n \to \infty$ 时). 由致密性定理，数列 $\{x_n\}$ 有收敛子列，不失一般性，可设它本身收敛于 x_0, 由两边夹定理知 $x_0 \in [a,b]$. 于是由 f 在 $[a,b]$ 上的连续性知 $f(x_n) \to f(x_0)$. 从而 $y_0 = f(x_0)$, 即 y_0 为 f 在 $[a,b]$ 上的最大值. 同理可证, $\inf\limits_{x\in[a,b]} f(x)$ 是 f 在 $[a,b]$ 上的最小值. 证毕.

(2) 介值定理: 设 $f \in C[a,b]$, 且 $f(a) \neq f(b)$, 则对严格介于 $f(a)$ 与 $f(b)$ 之间的任何实数 μ, 都存在 $x_0 \in (a,b)$ 使有 $f(x_0) = \mu$.

证明 不妨设 $f(a) < \mu < f(b)$. 令 $E = \{x|\ f(x) < \mu,\ x \in [a,b]\}$. 则 E 非空 $(a \in E)$, E 有界，故 $x_0 = \sup E$ 存在有限且 $x_0 \in [a,b]$. 利用例 2.3.6 之结论，知存在收敛于 x_0 的两个数列 $\{x_n\}$ 与 $\{x'_n\}$, 且 $x_n \in E$, $x'_n \bar{\in} E$, 则由 E 的定义有 $f(x_n) < \mu$, 因为 f 在 x_0 连续，两边令 $n \to \infty$, 取极限得 $f(x_0) \leqslant \mu$. 由于 $f(a) < \mu < f(b)$，当 $\varepsilon \geqslant 0$ 充分小时有 $f(a+\varepsilon) < \mu < f(b-\varepsilon)$, 由此可知必有 $a < x_0 < b$. 从而当 n 充分大时有 $x'_n \in [a,b]$. 因此，由 $x'_n \bar{\in} E$ 及 E 的定义又有 $\mu \leqslant f(x'_n)$, 取极限又得 $f(x_0) \geqslant \mu$. 于是得证 $f(x_0) = \mu$.

设 $f \in C[a,b]$, 令

$$c = \min f([a,b]) = \min_{x\in[a,b]} f(x), \quad d = \max f([a,b]) = \max_{x\in[a,b]} f(x),$$

由最值定理知，数 c 与 d 均存在，且 $c \leqslant d$. 进一步由介值定理知 $f([a,b]) = [c,d]$.

(3) 反函数连续性: 设 I 为一区间，$f \in C(I)$ 且严格单调，则其反函数 f^{-1} 在 $f(I)$ 上连续.

证明 因为 I 为一区间，f 在 I 上严格单调且连续，故由介值定理知 $f(I)$ 也是一区间. 任取 $y_0 \in f(I)$, 先设 y_0 不是 $f(I)$ 的端点. 由例 4.1.4，单侧极限 $f^{-1}(y_0 \pm 0)$ 都存在. 于是，只需证它们都等于 $f^{-1}(y_0)$. 由于

$$y = f(f^{-1}(y)), \quad y \in f(I),$$

令 $y \to y_0 - 0$, 并由 f 的连续性及式 (4.1) 知

$$y_0 = \lim_{y\to y_0^-} f(f^{-1}(y)) = f(\lim_{y\to y_0^-} f^{-1}(y)) = f(f^{-1}(y_0 - 0)).$$

于是由反函数的定义知 $f^{-1}(y_0) = f^{-1}(y_0 + 0)$. 同理有 $f^{-1}(y_0) = f^{-1}(y_0 - 0)$. 即知 f^{-1} 在点 y_0 连续.

若 $y_0 \in f(I)$ 为端点，则同上可证 f^{-1} 在 y_0 为左连续或或右连续.

上述反函数连续性定理也可利用例 3.3.4 的结论与方法获得. 此外，上述定理不必要求区间 I 是闭的 (这一点不同于文献 [1]).

由上述定理可知，三角函数及其反函数 (即反三角函数) 在其定义域上均为连续的.

(4) 一致连续性定理：定义于闭区间上的连续函数一定是一致连续的.

证明 设 $f \in C[a,b]$, 但 f 非一致连续. 则存在 $\varepsilon_0 > 0$, 使得对 $\delta = 1/n$, 相应的有 $[a,b]$ 中两点 x_n 与 x_n'，使成立

$$|x_n - x_n'| < 1/n, \quad |f(x_n) - f(x_n')| \geqslant \varepsilon_0.$$

由致密性定理，数列 $\{x_n\}$ 有收敛子列 $\{x_{n_k}\}$, 记其极限为 x_0, 则它也是 $\{x_{n_k}'\}$ 的极限. 于是由 f 的连续性有

$$0 = |f(x_0) - f(x_0)| = \lim_{k\to\infty} |f(x_{n_k}) - f(x_{n_k}')| \geqslant \varepsilon_0.$$

矛盾.

有关一致连续性，有下面三个充分条件.

(1) 若函数 f 在区间 I_1 与 I_2 上一致连续，I_1 与 I_2 无公共内点，但有一个公共端点，且使 $I = I_1 \bigcup I_2$ 为一区间，则 f 在 I 上是一致连续的.

(2) 若函数 f 在区间 $[a,+\infty)$ 上连续, 且极限 $\lim\limits_{x\to+\infty} f(x)$ 存在有限，则 f 在 $[a,+\infty)$ 上一致连续.

(3) 若函数 f 在区间 (a,b) 上连续, 且 $f(a+0)$ 与 $f(b-0)$ 均存在有限，其中 $a, b \in \mathbf{R}$, 则 f 在区间 (a,b) 上一致连续 (对 f 在区间端点补充定义后即可利用一致连续性定理).

现在我们来分析一下连续与一致连续的区别.

设函数 f 在区间 I 上是一致连续的, 即 $\forall\, \varepsilon > 0, \exists\, \delta = \delta(\varepsilon) > 0$, 使得对 I 中任意两点 x_1 与 x_2, 只要 $|x_1 - x_2| < \delta$, 就必有 $|f(x_1) - f(x_2)| < \varepsilon$. 由此即知，$f$ 在 I 中任一点都是连续的，并且量 $\delta = \delta(\varepsilon)$ 适用于 I 中每一点. 不仅如此，若 I 有端点不属于 I, 则 f 在该点还存在单侧极限. 例如，设 a 是 I 的左端点，且 $a \bar{\in} I$. 则只要 $0 < x_1 - a < \delta$, $0 < x_2 - a < \delta$, 就有 $|f(x_1) - f(x_2)| < \varepsilon$(因为此时有 $|x_1 - x_2| < \delta$). 故由函数极限的柯西准则知右极限 $f(a+0)$ 必存在有限.

现设 f 在区间 I 上是连续的，即 $\forall\, x_0 \in I$, $\forall \varepsilon > 0, \exists\, \delta = \delta(x_0, \varepsilon) > 0$, 使得对 I 中任意点 x, 只要 $|x - x_0| < \delta$, 就必有 $|f(x) - f(x_0)| < \varepsilon$. 固定 $\varepsilon > 0$, 引入量

$$\delta^*(\varepsilon) = \inf_{x_0\in I} \delta(x_0, \varepsilon).$$

易见，如果对充分小的 $\varepsilon > 0$ 有 $\delta^*(\varepsilon) > 0$, 则 f 在 I 上必是一致连续的，因为 $\forall\, \varepsilon > 0$, 对 I 中任意两点 x_1 与 x_2, 只要 $|x_1 - x_2| < \delta^*$, 就必有 $|f(x_1) - f(x_2)| < \varepsilon$. 但如果存在充分小的 $\varepsilon > 0$ 使 $\delta^*(\varepsilon) = 0$, 那么 f 是否在 I 上一致连续就不得而知了. 然而可证，如果 $\delta(x_0, \varepsilon)$ 满足下述条件:

(1) 存在充分小的 $\varepsilon_0 > 0$ 使 $\delta^*(\varepsilon_0) = 0$;

(2) $\forall\, x_0 \in I$, 存在 $x \in I$，使 $|x - x_0| = \delta(x_0, \varepsilon_0)$, $|f(x) - f(x_0)| = \varepsilon_0$, 则 f 在 I 上必不能一致连续.

事实上，由上述两条易见，存在区间 I 中数列 $\{x_n\}$ 与 $\{\tilde{x}_n\}$, 使有 $|\tilde{x}_n - x_n| = \delta(x_n, \varepsilon_0) \to 0 (n \to \infty)$, $|f(\tilde{x}_n) - f(x_n)| = \varepsilon_0$.

从以上讨论，我们得知一个函数是不是在某区间上一致连续，关键之处在于是不是有适用于该区间上一切点的公共的正数 δ.

例 4.2.1 设 I 为一区间，$f \in C(I)$, 则 $f(I)$ 也是一区间.

证明 因为 I 为一区间，存在 I 中数 a_n 与 b_n, $n \geqslant 1$, 满足以下条件: ① 数列 $\{a_n\}$ 单调减，$\{b_n\}$ 单调增; ② $I = \bigcup\limits_{n \geqslant 1} [a_n, b_n]$. 由于 f 在 $[a_n, b_n]$ 上连续，故 $f([a_n, b_n]) = [c_n, d_n]$ 是闭区间，且数列 $\{c_n\}$ 单调减，$\{d_n\}$ 单调增. 设

$$\lim_{n \to \infty} c_n = c, \quad \lim_{n \to \infty} d_n = d,$$

其中 $c \geqslant -\infty$, $d \leqslant +\infty$, 则易知 $f(I)$ 就是以 c，d 为端点的区间. 即为所证.

例 4.2.2 对任何正整数 $n \geqslant 2$ 与正数 $a \neq 1$, 方程 $x^n = a$ 有唯一正根 x_0, 记其为 $x_0 = \sqrt[n]{a} = a^{1/n}$. 于是 $(a^{1/n})^n = a$.

证明 令 $f(x) = x^n - a$, $a^* = \max\{a, 1\}$, 则 f 在 $[0, a^*]$ 上连续、严格增加，且 $f(0) < 0 < f(a^*)$. 于是由介值定理即得结论.

例 4.2.3 证明 (1) 对任何正整数 $n \geqslant 1$，函数 $y = x^{\pm n}$ 与 $y = x^{\pm \frac{1}{n}}$ 均在 $(0, +\infty)$ 上是严格单调且连续的. (2) 有理幂函数 $y = x^r$ 在 $(0, +\infty)$ 上是严格单调且连续的.

证明 (1) 函数 $y = x^{\pm n}$ 的单调性与连续性可利用定义直接获得，而 $y = x^{\pm \frac{1}{n}}$ 作为 $y = x^{\pm n}$ 的反函数，也是单调和连续的.

(2) 设 $r = n/m$, 则由定义，$x^r = (x^n)^{\frac{1}{m}}$, 这是两个幂函数的复合，故由结论 (1) 及复合函数的连续性即得结论 (2).

例 4.2.4 试研究有理幂函数 $f(x) = x^r$ 在区间 $(0, 1]$，$[1, +\infty)$ 与 $(0, +\infty)$ 上的一致连续性, 其中 r 为非零有理数.

解 根据 r 的正负，下面分两种情况讨论.

(1) $r > 0$. 此时 $f(0 + 0) = 0$, 故 f 在区间 $(0, 1]$ 上是一致连续的. 为考虑它在 $[1, +\infty)$ 的一致连续性，设 x, $x_0 \in [1, +\infty)$, 易知，$\forall\, \varepsilon > 0$, 不等式 $|f(x) - f(x_0)| < \varepsilon$

等价于 $-\delta_2(x_0,\varepsilon)<x-x_0<\delta_1(x_0,\varepsilon)$, 其中 $\delta_1=(x_0^r+\varepsilon)^{\frac{1}{r}}-x_0$, $\delta_2=x_0-(x_0^r-\varepsilon)^{\frac{1}{r}}$. 我们有

$$\delta_1=x_0^{1-r}\tilde{\delta}_1,\quad \delta_2=x_0^{1-r}\tilde{\delta}_2,$$

其中

$$\tilde{\delta}_1=\frac{(1+\varepsilon x_0^{-r})^{\frac{1}{r}}-1}{x_0^{-r}},\quad \tilde{\delta}_2=\frac{1-(1-\varepsilon x_0^{-r})^{\frac{1}{r}}}{x_0^{-r}}.$$

为确保 $\tilde{\delta}_2$ 对一切 $x_0\geqslant 1$ 有定义, 我们可设 $0<\varepsilon<1$. 由例 3.5.1 可知当 $x_0\to+\infty$ 时 $\tilde{\delta}_1,\tilde{\delta}_2\to\frac{\varepsilon}{r}$. 故存在 $\delta_{20}(\varepsilon)>\delta_{10}(\varepsilon)>0$, 使对一切 $x_0\geqslant 1$, 有

$$\delta_{10}(\varepsilon)\leqslant\tilde{\delta}_j<\delta_{20}(\varepsilon),\quad j=1,2.$$

于是，当 $r\leqslant 1$ 时 $\inf\limits_{x_0\geqslant 1}\delta_j\geqslant\delta_{10}(\varepsilon)$, $j=1,2$, 而当 $r>1$ 时 $\inf\limits_{x_0\geqslant 1}\delta_j=\lim\limits_{x_0\to+\infty}\delta_j=0$, $j=1,2$. 从而，由前面关于连续与一致连续的讨论知，当 $r\leqslant 1$ 时 f 在 $[1,+\infty)$ 上一致连续. 当 $r>1$ 时，注意到当 $x=x_0+\delta_1(x_0,\varepsilon)$ 时 $f(x)-f(x_0)=\varepsilon$, 故对每个 $\varepsilon>0$ 都有

$$\lim_{x_0\to+\infty}\delta_1(x_0,\varepsilon)=0,\quad f(x_0+\delta_1(x_0,\varepsilon))-f(x_0)=\varepsilon.$$

这表明当 $r>1$ 时 f 在 $[1,+\infty)$ 上是非一致连续的.

(2) $r<0$. 此时，我们有 $f(x)\to 0$(当 $x\to+\infty$), 因此 f 在 $[1,+\infty)$ 上是一致连续的. 进一步，与上类似可得对每个 $\varepsilon>0$ 都存在 $\bar{\delta}_1=x_0[(1-\varepsilon x_0^{-r})^{\frac{1}{r}}-1]$ 使有

$$\lim_{x_0\to 0^+}\bar{\delta}_1=0,\quad f(x_0+\bar{\delta}_1)-f(x_0)=\varepsilon.$$

即知 f 在 $(0,1]$ 是非一致连续的.

由上述讨论易见，函数 $f(x)=x^r$ 在 $(0,+\infty)$ 上是一致连续的当且仅当 $0<r\leqslant 1$.

例 4.2.5 设函数 f 在 $(a,0]$ 与 $[0,b)$ 上均为一致连续的，其中 $a<0<b$, 则 f 在 (a,b) 上必一致连续.

证明 上述结论已在文献 [1] 中给出证明. 此处，我们用反证法给出一个新证明. 若 f 在 (a,b) 上不一致连续，则存在 $\varepsilon_0>0$, $x_n,x_n'\in(a,b)$, 满足 $|x_n-x_n'|<1/n$, $|f(x_n)-f(x_n')|\geqslant\varepsilon_0$. 因为 $f(x)$ 在 $(a,0]$ 与 $[0,b)$ 上均为一致连续的，故存在 $\delta_0>0$, 使当 $|x_1-x_2|<\delta_0$, 且 x_1 与 x_2 同在 $(a,0]$ 或同在 $[0,b)$ 时有 $|f(x_1)-f(x_2)|<\varepsilon_0$. 于是当 $n>1/\delta_0$ 时点 x_n 与 x_n' 分别属于 $(a,0]$ 与 $[0,b)$，从而 $|x_n-0|$ 与 $|x_n'-0|$ 都不超过 $|x_n-x_n'|$, 因此，x_n, $x_n'\to 0$. 由于 f 在 $x=0$ 左右连续，故 f 在 $x=0$ 连续，于是

$$0=\lim_{n\to\infty}|f(x_n)-f(x_n')|\geqslant\varepsilon_0.$$

矛盾.

例 4.2.6 设函数 f 在区间 I 上连续且存在反函数，则它必是严格单调的.

证明 用反证法. 设 f 既不是严格增也不是严格减的，则由它有反函数，可知存在 $x_1 < x_2$ 以及 $y_1 < y_2$ 使 $f(x_1) > f(x_2)$, $f(y_1) < f(y_2)$, 于是不能同时有 $x_1 = y_1$ 与 $x_2 = y_2$. 为确定计，设 $x_1 \neq y_1$. 因此，只有下列六种可能：① $y_1 < y_2 \leqslant x_1 < x_2$; ② $y_1 < x_1 < y_1 \leqslant x_2$; ③ $y_1 < x_1 < x_2 < y_2$; ④ $x_1 < y_1 < y_2 \leqslant x_2$; ⑤ $x_1 < y_1 < x_2 < y_2$; ⑥ $x_1 < x_2 \leqslant y_1 < y_2$. 下面我们导出矛盾. 以①为例证之. 因为函数 f 在闭区间 $[y_2, x_1]$ 上连续，它在该区间必有最大值，记其为 $f(x_0)$, 则 $f(x_0) > f(y_1)$, $f(x_0) > f(x_2)$. 由介值定理易见，存在 $\bar{y} \in [y_1, x_0)$, $\bar{x} \in (x_0, x_2]$ 使 $f(\bar{y}) = f(\bar{x}) > \max\{f(y_1), f(x_2)\}$. 这与 f 存在反函数矛盾. 证毕.

4.3 初等函数的连续性

4.3.1 基本问题

1. 指数函数与对数函数的连续性是如何证明的？

2. 你能否证明公式 $(a^x)^y = a^{xy}$? 提示：试利用指数函数的连续性与有理幂函数的连续性.

3. 幂函数的连续性、基本初等函数及初等函数的连续性是如何得到的？

4. 思考：哪些基本初等函数在其定义域上是一致连续的？

5. 自我总结如何用初等函数连续性以及已知函数极限等来求函数极限.

4.3.2 要点讲解与注释

论及初等函数的连续性文献 [1] 中这一节有四个定理，我们逐一列出，并做注释与补充. 这四个定理的结论依照文献 [1] 中的次序总结表述如下.

(1) 指数函数基本性质：设 $a > 0$, $a \neq 1$, α 与 β 为任意实数，则下面的公式成立.

$$a^{\alpha+\beta} = a^{\alpha}a^{\beta}, \quad a^{\alpha\beta} = (a^{\alpha})^{\beta}. \tag{4.2}$$

(2) 指数函数的连续性：设 $a > 0$, $a \neq 1$, 则函数 a^x 在 $\mathbf{R}$ 上是连续的.

(3) 基本初等函数的连续性：任一基本初等函数在其定义域上都是连续的.

(4) 初等函数的连续性：任一初等函数在其定义域中的非平凡区间上都是连续的.

我们知道，部分幂函数的定义域由两个区间组成，其他基本初等函数的定义域都是一个区间. 而一般初等函数的定义域可能比较复杂，可能是一个区间，可能是多个区间，也可能只是一个点或多个孤立点.

下面我们探讨指数函数与对数函数的连续性，并且详细讨论一下式 (4.2) 中所述的指数函数的两个公式 (即文献 [1] 中定理 4.10) 与指数函数的连续性 (即文献 [1] 中定理 4.11) 之间的关系.

首先，我们可以仅仅利用指数函数的定义来证明式 (4.2) 中的第一式. 即有以下结论.

例 4.3.1 设 $a>0, a\neq 1, \alpha$ 与 β 为任意实数，则 $a^{\alpha+\beta}=a^{\alpha}a^{\beta}$.

证明 设 $a>1$ ($0<a<1$ 时类似可证). 由指数函数的定义知

$$a^x=\sup_{r<x}\{a^r|\ r\text{为有理数}\}.$$

于是由上确界的定义可知，对任给的 $\varepsilon>0$, 必有满足 $r<\alpha, s<\beta$ 的有理数 r 与 s, 使得

$$a^{\alpha}-\varepsilon<a^r,\quad a^{\beta}-\varepsilon<a^s.$$

由于此时 a^x 是严格增的，故有 $a^{r+s}<a^{\alpha+\beta}$, 从而

$$(a^{\alpha}-\varepsilon)(a^{\beta}-\varepsilon)<a^ra^s=a^{r+s}<a^{\alpha+\beta},$$

令 $\varepsilon\to 0$, 由上式即得 $a^{\alpha}a^{\beta}\leqslant a^{\alpha+\beta}$.

下面再证 $a^{\alpha+\beta}\leqslant a^{\alpha}a^{\beta}$. 为此，同上由 $a^{\alpha+\beta}$ 的定义，对任给的 $\varepsilon>0$, 可取有理数 p, 使得

$$p<\alpha+\beta,\ a^{\alpha+\beta}-\varepsilon<a^p.$$

又可取有理数 r 与 s, 使得 $r<\alpha, s<\beta$, 且 $p<r+s$. 于是

$$a^{\alpha+\beta}-\varepsilon<a^p<a^{r+s}=a^ra^s<a^{\alpha}a^{\beta},$$

令 $\varepsilon\to 0$, 由上式即得 $a^{\alpha+\beta}\leqslant a^{\alpha}a^{\beta}$. 证毕.

其次，对式 (4.2) 的第二式是否也有这样的证明呢？文献 [1] 中没有给出证明，并说留给读者完成. 一般人就会认为可以用与证明式 (4.2) 中 $a^{\alpha+\beta}=a^{\alpha}a^{\beta}$ 的方法来证明 $a^{\alpha\beta}=(a^{\alpha})^{\beta}$，而并不去证明它. 笔者在试图给出第二式的证明时却发现需要利用文献 [1] 的定理 4.11(即指数函数的连续性)，也要利用有理幂函数的连续性 (例 4.2.3). 因此，要使这个证明在逻辑上不成问题，就需要在证明 $a^{\alpha\beta}=(a^{\alpha})^{\beta}$ 成立之前先证明指数函数的连续性. 详之，我们有以下结论.

例 4.3.2 设 $a>0, a\neq 1$, 则指数函数 a^x 对一切实数 x 是连续的.

证明 事实上，任取定值 $x_0\in\mathbf{R}$, 利用例 3.2.3 中的极限

$$\lim_{x\to 0}a^x=1,\quad a>0,\quad a\neq 1$$

及

$$a^x = a^{x_0}\ a^{x-x_0}, \quad x, x_0 \in \mathbf{R},$$

可得

$$\lim_{x\to x_0} a^x = a^{x_0} \lim_{x\to x_0} a^{x-x_0} = a^{x_0}.$$

进一步，我们可以利用指数函数与有理幂函数的连续性来证明式 (4.2) 中的第二式，即有以下结论.

例 4.3.3　设 $a>0, a\neq 1, \alpha$ 与 β 为任意实数，则有 $a^{\alpha\beta}=(a^{\alpha})^{\beta}$.

证明　事实上，我们取两个有理数列 $\{r_n\}$ 与 $\{s_n\}$, 使当 $n\to\infty$ 时, $r_n\to\alpha$, $s_n\to\beta$, 则由指数函数与有理幂函数的连续性以及例 1.4.7 知

$$\begin{aligned} a^{\alpha\beta} &= \lim_{n\to\infty} a^{\alpha s_n} = \lim_{n\to\infty}\lim_{m\to\infty} a^{r_m s_n} \\ &= \lim_{n\to\infty}\lim_{m\to\infty} (a^{r_m})^{s_n}, \\ &= \lim_{n\to\infty} (a^{\alpha})^{s_n} = (a^{\alpha})^{\beta}. \end{aligned}$$

这样一来，我们就应当将文献 [1] 中的定理 4.10 与定理 4.11 合并成下列一个定理.

定理 A(指数函数的基本性质)　设 $a>0, a\neq 1, x$ 与 y 为任意实数，则

(1) $a^{x+y}=a^x a^y$;

(2) 函数 a^x 关于 x 在 $\mathbf{R}$ 上是连续的;

(3) $a^{xy}=(a^x)^y$.

利用例 3.5.2 中有关指数函数的极限性质以及例 4.2.1 的结论，又注意到对数函数与指数函数互为反函数，我们得到下述结论.

定理 B　(1) 指数函数 a^x 的值域与对数函数 $\log_a x$ 的定义域均为 $(0,+\infty)$, 而对数函数 $\log_a x$ 的值域是 $(-\infty,+\infty)$.

(2) 若 $a>1$, 则

$$\lim_{x\to+\infty} \log_a x = +\infty, \quad \lim_{x\to 0} \log_a x = -\infty.$$

若 $0<a<1$, 则

$$\lim_{x\to+\infty} \log_a x = -\infty, \quad \lim_{x\to 0} \log_a x = +\infty.$$

利用定理 A 和定理 B，以及反函数的连续性定理，进一步可得对数函数的基本性质，如下列定理所述.

定理 C(对数函数的基本性质)　设 $a>0, a\neq 1$, 则

(1) 对数函数 $\log_a x$ 在 $x>0$ 上是连续的;

(2) $\log_a x^\alpha = \alpha \log_a x,\ \ x>0,\ \alpha \in \mathbf{R}$;

(3) $\log_a(xy) = \log_a x + \log_a y$, $\log_a \dfrac{x}{y} = \log_a x - \log_a y$, $x>0$, $y>0$;

(4) 对 $b>0,\ b\neq 1$, 有换底公式 $\log_b x = \dfrac{\log_a x}{\log_a b},\ \ x>0$.

证明 结论 (1) 的证明是显而易见的 (反函数的连续性). 由式 (1.6) 和式 (4.2) 又易见

$$x^\alpha = (a^{\log_a x})^\alpha = a^{\alpha \log_a x};$$

两边取对数即得结论 (2). 而因为

$$a^{\log_a x + \log_a y} = a^{\log_a x} a^{\log_a y} = xy,$$

两边取对数即得结论 (3) 第一式. 进一步利用此式及结论 (2) 又有

$$\log_a \frac{x}{y} = \log_a(xy^{-1}) = \log_a x + \log_a y^{-1} = \log_a x - \log_a y.$$

即得结论 (3) 第二式. 再利用式 (1.6) 和式 (4.2),

$$a^{\log_a b \log_b x} = (a^{\log_a b})^{\log_b x} = b^{\log_b x} = x,$$

两边取对数可得

$$\log_a b \log_b x = \log_a x,$$

由此即得结论 (4).

关于幂函数的基本性质，我们有

定理 D(幂函数的基本性质) 设 $\alpha \neq 0$, 则幂函数 x^α 在 $x>0$ 上是连续的、严格单调的 (当 $\alpha>0$ 时严格增，当 $\alpha<0$ 时严格减)，且其反函数为 $x^{\frac{1}{\alpha}}$. 此外

$$(xy)^\alpha = x^\alpha y^\alpha,\quad \left(\frac{x}{y}\right)^\alpha = \frac{x^\alpha}{y^\alpha},\quad x>0,\quad y>0. \tag{4.3}$$

证明 由式 (1.6) 和式 (4.2) 知

$$x^\alpha = \mathrm{e}^{\ln x^\alpha} = \mathrm{e}^{\alpha \ln x},$$

于是由复合函数的连续性知，幂函数 x^α 在 $x>0$ 上是连续的. 又由于 e^x 是严格增的，而当 $\alpha>0(<0)$ 时函数 $\alpha \ln x$ 是严格增 (严格减) 的，故由例 1.4.5 知 $\alpha>0(<0)$ 时幂函数 x^α 作为一个复合函数是严格增 (严格减) 的.

对 $y>0$, 由式 (4.2) 还知

$$(y^{\frac{1}{\alpha}})^\alpha = y^{\frac{1}{\alpha}\alpha} = y,$$

这表明方程 $x^\alpha = y$ 关于 x 的唯一解为 $x = y^{\frac{1}{\alpha}}$, 即幂函数 x^α 的反函数为 $x^{\frac{1}{\alpha}}$.

进一步，由式 (4.2) 与定理 C(3) 可得

$$\begin{aligned} x^\alpha y^\alpha &= \mathrm{e}^{\alpha \ln x}\mathrm{e}^{\alpha \ln y} \\ &= \mathrm{e}^{\alpha(\ln x + \ln y)} \\ &= \mathrm{e}^{\alpha \ln(xy)} \\ &= (xy)^\alpha. \end{aligned}$$

即得式 (4.3) 第一式. 再由式 (4.2) 和式 (4.3) 第一式，

$$\frac{x^\alpha}{y^\alpha} = x^\alpha(y^\alpha)^{-1} = x^\alpha(y^{-1})^\alpha = (xy^{-1})^\alpha.$$

即得 (4.3) 第二式.

上述三个定理中涉及的公式是中学里学过的，但没有证明 (也不可能证明)，文献 [1] 中列出了公式 (4.2) 与定理 C 的结论 (2)，但只对式 (4.2) 第一式给出了证明. 前面我们已经对文献 [1] 的定理 4.10 与定理 4.11 的内容做了新的处理，并把它们合并成一个定理. 其实, 与众多数学分析教材相比，文献 [1] 中有关指数函数和对数函数的性质还是最详细的，许多数学分析教材都未把文献 [1] 中定理 4.10 里列出的两个公式以定理的形式出现，当然也就想不到去证明它，因此也就不能给出定理 C 与定理 D 的证明，这就出现漏洞了. 因此，此处所做的上述补充可以说是对数学分析所缺失内容的弥补. 最初发现这一问题的是文献 [8], 这里的处理方法也源自该文献.

例 4.3.4　设函数 f 在 $x=0$ 连续，且 $\forall x, y \in \mathbf{R}$ 成立 $f(x+y)=f(x)+f(y)$, 则 $f(x) = f(1)x$.

证明　由所设条件知

$$f(2x) = f(x + x) = f(x) + f(x) = 2f(x),$$

$$f(3x) = f(2x + x) = f(2x) + f(x) = 3f(x),$$

于是，由归纳法易得，对任意正整数 p 成立 $f(px) = pf(x)$. 特别, 分别取 $x = 0, \dfrac{1}{p}$ 得 $f(0) = 0$, $f\left(\dfrac{1}{p}\right) = \dfrac{1}{p}f(1)$. 又取 $x = \dfrac{1}{q}$, 其中 q 为任意正整数，又可得

$$f\left(\frac{p}{q}\right) = pf\left(\frac{1}{q}\right) = \frac{p}{q}f(1).$$

再由 $0 = f(0) = f(x) + f(-x)$ 知 $f(-x) = -f(x)$. 因而知对一切有理数 x 均成立 $f(x) = xf(1)$.

往证函数 f 在 $\mathbf{R}$ 上连续. 事实上，由条件知对任意两点 $x_0, x \in \mathbf{R}$ 有 $f(x) = f(x-x_0)+f(x_0)$，于是利用 f 在点 $x=0$ 的连续性可得

$$\lim_{x\to x_0} f(x) = \lim_{x-x_0\to 0} f(x-x_0)+f(x_0) = f(0)+f(x_0) = f(x_0).$$

从而进一步利用有理数的稠密性即可证明对一切实数 x 成立 $f(x) = xf(1)$. 即为所证.

例 4.3.5 证明对任何 $x_0 > 0$, 函数 $f(x) = \ln x$ 在 $[x_0, +\infty)$ 上是一致连续的, 但在 $(0, +\infty)$ 上非一致连续.

证明 任给 $\varepsilon > 0$, 任取 $x_1, x_2 \geqslant x_0$, 欲求 $\delta > 0$, 使当 $|x_1 - x_2| < \delta$ 时有

$$|f(x_1) - f(x_2)| = \left|\ln \frac{x_2}{x_1}\right| < \varepsilon.$$

为方便计可设 $x_1 < x_2$, 则当 $|x_1 - x_2| < \delta$ 时有 $x_2 < x_1 + \delta$, 从而有

$$\left|\ln \frac{x_2}{x_1}\right| < \ln \frac{x_1+\delta}{x_1} = \ln\left(1+\frac{\delta}{x_1}\right) \leqslant \ln\left(1+\frac{\delta}{x_0}\right).$$

于是取 $\delta < x_0(\mathrm{e}^{\varepsilon} - 1)$ 即知函数 $f(x) = \ln x$ 在 $[x_0, +\infty)$ 上是一致连续的.

进一步，取数列 $x_n = \dfrac{1}{n}$, $y_n = \dfrac{1}{2n}$, 则 $|x_n - y_n| = \dfrac{1}{2n}$, $|f(x_n) - f(y_n)| = \ln 2$, 即知函数 $f(x) = \ln x$ 在 $(0, +\infty)$ 上非一致连续.

4.4 第 4 章测试题与提示

4.4.1 测试题

1. 延拓函数 $f(x) = \dfrac{1-\cos x}{x^2}$ 之定义, 使其在 $\mathbf{R}$ 上连续.

2. 证明: 若 f 在点 x_0 连续, 则 $|f|$ 或 f^2 也在点 x_0 连续. 又问: 若 $|f|$ 或 f^2 在 I 上连续, 那么 f 在 I 上是否必连续?

3. 若对任何充分小的 $\varepsilon > 0$, f 在 $[a+\varepsilon, b-\varepsilon]$ 上连续, 能否由此推出 f 在 (a, b) 内连续.

4. 证明 $f(x) = \sqrt{x}$ 在 $[0, +\infty)$ 上一致连续.

5. 设函数 f 在 (a, b) 连续, 且 $f(a+0)$ 与 $f(b-0)$ 为有限值, 证明:

(1) f 在 (a, b) 内有界;

(2) 若存在 $\xi \in (a, b)$, 使得 $f(\xi) \geqslant \max\{f(a+0), f(b-0)\}$, 则 f 在 (a, b) 能取到最大值.

6. 设 f 为 $\mathbf{R}$ 上的单调函数, 定义 $g(x) = f(x+0)$. 证明 g 在 $\mathbf{R}$ 上每一点都右连续.

7. 证明 $\sin x$ 在 $(-\infty,+\infty)$ 上一致连续, $\sin x^2$ 在 $(-\infty,+\infty)$ 上不一致连续.

8. 设函数 f 在 $[0,+\infty)$ 连续, 满足 $0\leqslant f(x)\leqslant x, x\in[0,+\infty)$, 设 $a_1\geqslant 0, a_{n+1}=f(a_n), n=1,2,\cdots$. 证明:

(1) $\{a_n\}$ 为收敛数列;

(2) 设 $\lim\limits_{n\to\infty} a_n=t$, 则有 $f(t)=t$;

(3) 若条件改为 $0\leqslant f(x)<x, x\in(0,+\infty)$, 则 $t=0$.

9. 设周期函数 $f(x)$ 在 $\mathbf{R}$ 上连续, 且以 $T>0$ 为周期, 证明 $f(x)$ 在 $\mathbf{R}$ 上一致连续.

10. 设函数 g 在 $\mathbf{R}$ 上一致连续，则存在常数 $M>0$, $B>0$, 使 $|g(x)|<M|x|+B$.

11. 设函数 g 在 $[0,+\infty)$ 上一致连续，f 在 $[0,+\infty)$ 上连续. 如果 $\lim\limits_{x\to+\infty}[f(x)-g(x)]=0$, 则 f 在 $[0,+\infty)$ 上一致连续.

12. 设函数 f 在 $\mathbf{R}$ 上连续，且满足 $f(f(x))=x$, $f(0)<f(1)$, 则 $f(x)=x$.

4.4.2 提示

1. 因为 $\lim\limits_{x\to 0} f(x)=\lim\limits_{x\to 0}\dfrac{1-\cos x}{x^2}=\dfrac{1}{2}$, 于是令

$$F(x)=\begin{cases}\dfrac{1-\cos x}{x^2}, & x\neq 0,\\ \dfrac{1}{2}, & x=0,\end{cases}$$

则 $F(x)$ 就是 $f(x)$ 的延拓, 且 $F(x)$ 在 $\mathbf{R}$ 上连续.

2. (1) 利用不等式 $||f(x)|-|f(x_0)||\leqslant|f(x)-f(x_0)|$ 及函数极限的局部有界性.

(2) 考察函数

$$f(x)=\begin{cases}-1, & x\text{为有理数},\\ 1, & x\text{为无理数}.\end{cases}$$

3. 任取点 $x_0\in(a,b)$, 令 $\varepsilon_0=\min\left\{\dfrac{x_0-a}{2},\dfrac{b-x_0}{2}\right\}$, 则 $\varepsilon_0>0$, 且 $x_0\in(a+\varepsilon_0,b-\varepsilon_0)\subset(a,b)$. 于是 $f(x)$ 在 x_0 连续.

4. 首先根据一致连续性定理可得 $f(x)=\sqrt{x}$ 在 $[0,1]$ 上一致连续. 其次，当 $x',x''\in[1,+\infty)$ 时, 有

$$|f(x')-f(x'')|=|\sqrt{x'}-\sqrt{x''}|=\frac{|x'-x''|}{\sqrt{x'}+\sqrt{x''}}\leqslant\frac{|x'-x''|}{2},$$

故对任给的 $\varepsilon>0$, 可取 $\delta=2\varepsilon$, 只要 $x',x''\in[1,+\infty)$ 且 $|x-x_0|<\delta$ 时, 有

$$|f(x)-f(x_0)|<\varepsilon.$$

即得 f 在 $[0,+\infty)$ 上一致连续.

5. (1) 将 $f(x)$ 延拓到闭区间 $[a,b]$, 即定义

$$F(x)=\begin{cases} f(a+0), & x=a, \\ f(x), & x\in(a,b), \\ f(b-0), & x=b, \end{cases}$$

则 $F(x)$ 是 $[a,b]$ 上的连续函数.

(2) 设 $F(x)$ 如上定义, 则 $F(x)$ 在 $[a,b]$ 上存在最大值, 记为 M, 则一定存在 $x_0\in[a,b]$, 使得 $F(x_0)=M$.

(i) 若 $M=F(\xi)$, 则结论已证;

(ii) 若 $M\neq F(\xi)$, 因 M 是 $F(x)$ 的最大值, 故 $M>F(\xi)$. 又

$$F(\xi)=f(\xi)\geqslant\max\{f(a+0),f(b-0)\}=\max\{F(a),F(b)\},$$

即 $M>F(a),M>F(b)$, 从而 M 只能在 (a,b) 内取得, 从而 f 在 (a,b) 能取到最大值.

6. 直接利用右连续定义.

7. (1) 利用 $|\sin x|\leqslant|x|$ 及 $\sin x-\sin x_0=-2\cos\dfrac{x+x_0}{2}\sin\dfrac{x-x_0}{2}$.

(2) 考察数列 $x_n=\sqrt{2n\pi}$ 与 $y_n=\sqrt{2n\pi+\dfrac{\pi}{2}}$.

8. 利用单调有界定理.

9. 首先，f 在区间 $[0,2T]$ 上是一致连续的，于是任给 $\varepsilon>0$, 存在 $\delta>0$(可设 $\delta<T/2$), 使当 $x_1,x_2\in[0,2T]$ 且 $|x_1-x_2|<\delta$ 时有 $|f(x_1)-f(x_2)|<\varepsilon$. 其次，设 $y_1,y_2\in\mathbf{R}$ 且 $|y_1-y_2|<\delta$，则有整数 k_1 与 k_2, 及 $x_1,x_2\in[0,T)$ 使 $y_1=k_1T+x_1$, $y_2=k_2T+x_2$, 因此 $y_1-y_2=(k_1-k_2)T+x_1-x_2$. 不妨设 $y_1<y_2$. 由 $\delta<T/2$ 知或 $k_2=k_1$ 或 $k_2=k_1+1$. 若是前者，则有 $|x_1-x_2|<\delta$ 和 $|f(y_1)-f(y_2)|=|f(x_1)-f(x_2)|<\varepsilon$，若是后者，则有 $|x_1-(x_2+T)|<\delta$ 和 $|f(y_1)-f(y_2)|=|f(x_1)-f(x_2+T)|<\varepsilon$.

10. 由假设知，对 $\varepsilon=1$, 存在 $\delta_0>0$, 使当 $|x'-x''|<\delta_0$ 时有 $|g(x')-g(x'')|<1$. 现设 $x\in\mathbf{R}$, 取正整数 $n=[|x|/\delta_0]+1$, 它满足 $|x|/\delta_0<n\leqslant|x|/\delta_0+1$. 令 $x_j=\dfrac{j-1}{n}x$, 则 $x_1=0$, $x_{n+1}=x$, 且 $|x_{j+1}-x_j|=\left|\dfrac{x}{n}\right|<\delta_0$. 于是

$$\begin{aligned}|g(x)|&\leqslant|g(x_{n+1})-g(x_n)|+|g(x_n)-g(x_{n-1})|+\cdots+|g(x_2)-g(x_1)|+|g(x_1)|\\&<n\cdot1+|g(0)|\leqslant1+\frac{1}{\delta_0}|x|+|g(0)|.\end{aligned}$$

即为所证.

11. 任给 $\varepsilon > 0, \exists\, \delta_1 > 0$, 使当 $x_1, x_2 \geqslant 0, |x_1 - x_2| < \delta_1$ 时有 $|g(x_1) - g(x_2)| < \varepsilon$. 存在 $M > 0$, 使当 $x \geqslant M$ 时 $|f(x) - g(x)| < \varepsilon$. 又存在 $\delta_2 > 0$, 使当 $x_1, x_2 \in [0, M+1]$, $|x_1 - x_2| < \delta_2$ 时有 $|f(x_1) - f(x_2)| < \varepsilon$. 令 $\delta = \min\{1, \delta_1, \delta_2\}$. 则对任意的 $x_1, x_2 \geqslant 0$, 且 $|x_1 - x_2| < \delta$, 若 x_1 与 x_2 都在 $[0, M+1]$ 中，则 $|f(x_1) - f(x_2)| < \varepsilon$. 若 x_1 与 x_2 有一个不在 $[0, M+1]$ 中，则它们都在 $[M, +\infty)$ 中，此时有

$$|f(x_1) - f(x_2)| \leqslant |f(x_1) - g(x_1)| + |g(x_1) - g(x_2)| + |g(x_2) - f(x_2)| < 3\varepsilon.$$

12. 首先利用假设和反证法易证 f 是一一映射，因此它有反函数. 于是，由例 4.2.6 知 f 是严格单调的，再由 $f(0) < f(1)$ 知，它是严格增加的. 由此再用反证法即得结论.

第 5 章　导数和微分

5.1　导数的概念

5.1.1　基本问题

1. 函数在一点的导数是如何定义的? 导数的物理意义和几何意义分别是什么? 函数在某区间上的导函数是如何定义的?

2. 函数在一点的有限增量公式是什么? 试给出相应于左导数和右导数的有限增量公式.

3. 可导和连续有何关系? 左导数和右导数各是如何定义的? 它们跟导数和左右连续又有何关系?

4. 极大值、极小值、极大值点、极小值点、稳定点分别是什么?

5. 费马定理是怎么描述的, 怎么证明的?

5.1.2　要点讲解与注释

设有函数 f, 在某点 x_0 的邻域内有定义, 则函数 $\dfrac{f(x)-f(x_0)}{x-x_0} \equiv \bar{f}$ 在 x_0 的某空心邻域内有定义. 如果这个新函数 $\bar{f}$ 当 $x \to x_0$ 时有确定的极限, 则称函数 f 在点 x_0 是可导的, 称该极限为 f 在点 x_0 的导数, 记为 $f'(x_0)$, 即有

$$\lim_{x\to x_0}\frac{f(x)-f(x_0)}{x-x_0}=f'(x_0).$$

引入自变量增量和函数增量: $\Delta x = x - x_0$, $\Delta y = f(x) - f(x_0)$, 则上述极限又可写为

$$\lim_{x\to x_0}\frac{\Delta y}{\Delta x}=\lim_{\Delta x\to 0}\frac{f(x_0+\Delta x)-f(x_0)}{\Delta x}=f'(x_0).$$

如果函数 f 在点 x_0 不是可导的, 即极限 $\lim\limits_{x\to x_0}\dfrac{f(x)-f(x_0)}{x-x_0}$ 不存在, 则称 f 在点 x_0 是不可导的.

如果函数 f 在点 x_0 是可导的, 则由上述定义,

$$\lim_{x\to x_0}\frac{\Delta y}{\Delta x}-f'(x_0)=\lim_{\Delta x\to 0}\frac{\Delta y-f'(x_0)\Delta x}{\Delta x}=0,$$

或等价地

$$\Delta y = f(x_0 + \Delta x) - f(x_0) = f'(x_0)\Delta x + o(\Delta x)\ (\text{当 } |\Delta x| \text{ 充分小时}). \tag{5.1}$$

我们称上式为 f 在点 x_0 的有限增量公式. 此式的一个直接推论是：若 $f'(x_0)$ 存在，则 f 在 x_0 必连续.

若函数 $\bar{f}$ 在点 x_0 存在左极限 $\bar{f}(x_0 - 0)$(右极限 $\bar{f}(x_0 + 0)$), 则称 f 在点 x_0 是左可导的 (右可导的)，并把该极限称为 f 在点 x_0 的左导数 (右导数)，记为 $f'_-(x_0)(f'_+(x_0))$，即有

$$\lim_{x\to x_0^-} \frac{\Delta y}{\Delta x} = \lim_{\Delta x\to 0^-} \frac{f(x_0+\Delta x) - f(x_0)}{\Delta x} = f'_-(x_0),$$

$$\lim_{x\to x_0^+} \frac{\Delta y}{\Delta x} = \lim_{\Delta x\to 0^+} \frac{f(x_0+\Delta x) - f(x_0)}{\Delta x} = f'_+(x_0).$$

我们称左导数与右导数为单侧导数. 当单侧导数存在时，也有与式 (5.1) 类似的单侧有限增量公式. 于是，我们有下列结论.

(1) 若函数 f 在点 x_0 是左可导的 (右可导的)，则它在该点是左连续的 (右连续的); 从而若 f 在点 x_0 既是左可导的又是右可导的，则它在该点是连续的.

(2) 函数 f 在点 x_0 是可导的当且仅当它在该点既是左可导的又是右可导的，并且左右导数相等.

现设函数 f 在一区间 I 上有定义，那么我们说它在 I 上可导，如果对其中任一点 x_0, 当 x_0 是左端点 (右端点) 时 f 在 x_0 是右可导 (左可导) 的，而当 x_0 不是端点 (即内点) 时 f 在 x_0 是可导的. 这样就引出定义于 I 上的一个新函数 f'，称其为 f 的导函数.

利用导数定义，易得常数函数的导数为零，以及

$$(x^n)' = nx^{n-1}, \quad (\sin x)' = \cos x, \quad (\cos x)' = -\sin x,$$

$$(\log_a x)' = \frac{1}{x}\log_a \mathrm{e}\ (x>0), \quad \text{特别}\ (\ln x)' = \frac{1}{x},$$

其中 n 为正整数，$a > 0, a \neq 1$. 我们注意，上述正弦、余弦函数与对数函数的导数公式利用了第 3 章所讲的两个重要极限. 此外，自然对数的导数公式容易记忆，而一般对数的导数公式可以利用对数的换底公式以及自然对数的导数公式来导出.

根据导数定义以及平面曲线的切线的定义，函数 $f(x)$ 在某点 x_0 的导数 $f'(x_0)$ 的几何意义就是平面曲线 $y = f(x)$ 在点 $(x_0, f(x_0))$ 的切线之斜率. 因此，可知曲线 $y = f(x)$ 在点 $(x_0, f(x_0))$ 有切线当且仅当导数 $f'(x_0)$ 存在，而且，相应的切线方程与法线方程分别是

$$y = y_0 + f'(x_0)(x - x_0), \quad y = y_0 - \frac{1}{f'(x_0)}(x - x_0)\quad (\text{当} f'(x_0) \neq 0 \text{时}),$$

其中 $y_0 = f(x_0)$.

除了导数的定义之外，还有极大值、极小值、极大值点、极小值点、稳定点 (又称驻点) 等概念. 费马定理告诉我们极值点必是驻点. 反之则未必成立. 费马定理的逆否命题是说，若一函数 f 在点 x_0 有非零导数，则该函数在 x_0 不取极值. 费马定理与这一结论是等价的. 另一方面，利用导数定义和极限的性质也容易直接证明费马定理之结论.

例 5.1.1 设 $f'(x_0)$ 存在，求极限 $\lim\limits_{\Delta x\to 0}\dfrac{f(x_0+\Delta x)-f(x_0-2\Delta x)}{\Delta x}$.

解 求解这类题的一般方法是利用有限增量公式 (5.1). 事实上，由此公式我们有

$$f(x_0+\Delta x)=f(x_0)+f'(x_0)\Delta x+o(\Delta x),$$

$$f(x_0-2\Delta x)=f(x_0)+f'(x_0)(-2\Delta x)+o(\Delta x),$$

于是

$$f(x_0+\Delta x)-f(x_0-2\Delta x)=3f'(x_0)\Delta x+o(\Delta x),$$

由此即知所求极限为 $3f'(x_0)$.

例 5.1.2 设有定义于 $[-1,1]$ 的函数 $f(x)$, 若 f 在 $[-1,1]$ 连续，在点 $x=0$ 可导，且 $f(0)=0$，则存在 $M>0$ 使有 $|f(x)|\leqslant M|x|$.

引入函数 $F(x)$ 如下：

$$F(x)=\begin{cases}\dfrac{f(x)}{x}, & x\neq 0,\\ f'(0), & x=0.\end{cases}$$

由所设条件和连续函数的性质易见，函数 $F(x)$ 在区间 $[-1,1]$ 上连续，从而它在该区间上有界，即存在 $M>0$, 使当 $|x|\leqslant 1$ 时 $|F(x)|\leqslant M$, 特别当 $0<|x|\leqslant 1$ 时有 $|f(x)|\leqslant M|x|$. 显然，这一结论当 $x=0$ 时也成立. 即为所证.

例 5.1.3 若函数 f 在 $[0,1]$ 连续，且 $f(0)=f(1)=K$, $f'_+(0)f'_-(1)>0$, 则在 $(0,1)$ 必有一点 x_0, 使 $f(x_0)=K$.

证明 此题结论有明显的几何意义. 这就启示我们可用反证法证明这一结论. 设结论不成立，则不妨设在 $(0,1)$ 上恒有 $f(x)>K$, 由此可得

$$f'_+(0)=\lim_{x\to 0^+}\frac{f(x)-f(0)}{x}=\lim_{x\to 0^+}\frac{f(x)-K}{x}\geqslant 0,$$

$$f'_-(1)=\lim_{x\to 1^-}\frac{f(x)-f(1)}{x-1}=\lim_{x\to 1^-}\frac{f(x)-K}{x-1}\leqslant 0.$$

这导致 $f'_+(0)f'_-(1)\leqslant 0$, 这与条件不合. 结论得证.

5.2 求导法则

5.2.1 基本问题

1. 函数四则运算的求导法则是什么，是怎么推导的?
2. 反函数的求导法则是什么，是怎么推导的?
3. 复合函数的求导法则是什么，是怎么推导的?
4. 基本初等函数的导数公式是什么?
5. 试利用复合函数的求导法则推出反函数的求导公式.

5.2.2 要点讲解与注释

一个可导函数的导函数是一个新函数，同样，两个可导函数的和、差、积、商也是可导函数，它们的导函数也是新函数. 详之，设 f 与 g 为定义于区间 I 上的可导函数，则有

$$(f(x) \pm g(x))' = f'(x) \pm g'(x),$$

$$(f(x)g(x))' = f'(x)g(x) + f(x)g'(x),$$

$$\left(\frac{f(x)}{g(x)}\right)' = \frac{f'(x)g(x) - f(x)g'(x)}{g^2(x)}.$$

这就是导函数的四则运算法则. 这是最基本的求导法则. 它们的证明可以直接利用定义来获得. 另一基本的求导法则是复合函数的链式求导法则，即若可导的函数 $y = f(u)$ 与 $u = \varphi(x)$ 存在复合函数 $f \circ \varphi$, 则

$$(f \circ \varphi)'(x) = (f(\varphi(x)))' = f'(\varphi(x))\varphi'(x).$$

这些法则要熟记在心，并能正确使用 (例如，求一个较复杂函数的导数，先要搞清楚这个函数是哪些函数的复合，即要会确定出内函数和外函数)，其他更复杂的情形 (例如，三个函数相乘或三个函数复合) 在求导时均可以反复应用它们来获得. 上述复合函数的求导法则又可以写为

$$\frac{\mathrm{d}y}{\mathrm{d}x} = \frac{\mathrm{d}y}{\mathrm{d}u}\,\frac{\mathrm{d}u}{\mathrm{d}x}.$$

在链式法则的推导中，下述结论起着关键作用：函数 $f(x)$ 在点 x_0 可导的充要条件是存在在点 x_0 连续的函数 $F(x)$, 使成立

$$f(x) - f(x_0) = F(x)(x - x_0).$$

其证明是直接的，也是不难的，并且它用起来也是顺手和方便的.

反函数的求导法则是：若 $y=f(x)$ 在区间 I 上可导且严格单调，则

$$\frac{\mathrm{d}y}{\mathrm{d}x}=f'(x)=\left((f^{-1}(y))'|_{y=f(x)}\right)^{-1}=\frac{1}{\left.\frac{\mathrm{d}x}{\mathrm{d}y}\right|_{y=f(x)}},$$

$$\frac{\mathrm{d}x}{\mathrm{d}y}=(f^{-1})'(y)=\left(f'(x)|_{x=f^{-1}(y)}\right)^{-1}=\frac{1}{\left.\frac{\mathrm{d}y}{\mathrm{d}x}\right|_{x=f^{-1}(y)}}.$$

简言之，一个函数的导数跟其反函数的导数互为倒数. 上述法则可以利用导数定义直接证之，也可以直接利用复合函数求导的链式法则得到，因为 $f(f^{-1}(y))=y$, $f^{-1}(f(x))=x$.

我们一定要熟练掌握导函数的四则运算、链式法则等，这些是求导运算的基本法则，更复杂的函数求导可以多次利用这些基本法则而获得. 值得强调的是要想对这些法则运用自如且不出差错则需要多做习题、反复演练.

例 5.2.1 举例说明记法 $f'(g(x))$ 与 $[f(g(x))]'$，$f'_+(x_0)$ 与 $f'(x_0+0)$ 的含义与差异.

解 根据导数的记法，$f'(g(x))$ 表示 f 的导数 f' 与函数 g 的复合函数，它是对 f 求导后用 g 代入的结果，而 $[f(g(x))]'$ 表示函数 f 与 g 的复合函数的导函数，因此 $f'(g(x))$ 与 $[f(g(x))]'$ 是两个函数，一般不相等. 例如，取 $f(x)=x^2$, $g(x)=\sin x$, 那么

$$f'(g(x))=2u|_{u=\sin x}=2\sin x,\quad [f(g(x))]'=(\sin^2 x)'=2\sin x\cos x.$$

记法 $f'_+(x_0)$ 表示的量是函数 f 在点 x_0 的右导数，它的定义是

$$f'_+(x_0)=\lim_{x\to x_0^+}\frac{f(x)-f(x_0)}{x-x_0}.$$

另一方面，量 $f'(x_0+0)$ 表示的是导函数 $f'(x)$ 在点 x_0 的右极限，因此记法 $f'(x_0+0)$ 意味着函数 $f'(x)$ 对充分小的 $x-x_0>0$ 有定义. 例如，取 $f(x)=x^2D(x)$, 其中 $D(x)$ 表示狄利克雷函数，则 $f'_+(0)=f'(0)=0$, 但 $f'(0+0)$ 却不存在. 若取 f 为符号函数，则 $f'_+(0)$ 不存在，而 $f'(0+0)=0$. 于是，我们看到，量 $f'_+(x_0)$ 与 $f'(x_0+0)$ 可能一个存在一个不存在. 然而，利用下面第 6 章的拉格朗日中值定理可证，如果它们都存在，则必相等.

例 5.2.2 设 $y=x^{\sin x}\cos x$, 求 y'.

解 我们分两步来完成这个题. 首先，由导数的四则运算法则知

$$y'=(x^{\sin x})'\cos x+x^{\sin x}(-\sin x).$$

其次，由复合函数的链式法则和四则运算，

$$(x^{\sin x})' = (\mathrm{e}^{\sin x \ln x})' = \mathrm{e}^{\sin x \ln x}(\sin x \ln x)' = x^{\sin x}\left(\cos x \ln x + \sin x \cdot \frac{1}{x}\right).$$

因此

$$y' = x^{\sin x}\left(\cos x \ln x + \frac{\sin x}{x}\right)\cos x - x^{\sin x}\sin x.$$

例 5.2.3 设 y 是方程 $y + 2^y = \sin x$ 定义的函数，试求导数 y'(利用 x 与 y 表出 y').

解 函数 $y + 2^y$ 关于 y 是严格单调函数，它有反函数，因此对任一 x, 必有唯一的 $y = y(x)$, 满足方程 $y + 2^y = \sin x$，也就是说这个方程确实定义了 $y = y(x)$ 为 x 的函数. 换句话说，如果我们把 $y = y(x)$ 代入这个方程就得到下列恒等式:

$$y(x) + 2^{y(x)} = \sin x.$$

于是，等式两边关于 x 求导 (等式左边看成是一个复合函数)，可得

$$(1 + 2^y \ln 2)y' = \cos x,$$

从而

$$y' = \frac{\cos x}{1 + 2^y \ln 2}.$$

5.3 参变量函数的导数

5.3.1 基本问题

1. 如果平面曲线的表达式是由参变量方程给出的，如何求曲线上一点处切线的斜率？

2. 什么是平面光滑曲线？如何求光滑曲线所确定的函数的导数？

3. 平面光滑曲线一定是闭集吗？

4. 如果平面曲线的表达式是由极坐标方程给出的，如何求曲线上任一点处切线的斜率？

5. 同一平面曲线的不同的参数表示，会有相同的光滑性吗？如何修正光滑曲线的定义？

5.3.2 要点讲解与注释

我们知道函数 $y = f(x)$ 的图像是一条平面曲线，这种形式的曲线之特点是它不自交，而且它与任一竖直线至多有一个交点. 比这种形式更一般的平面曲线之表

达式是下述参变量方程 (或参数方程)

$$C:\quad \begin{cases} x=\varphi(t), \\ y=\psi(t), \end{cases} \quad \alpha \leqslant t \leqslant \beta, \tag{5.2}$$

其中 α 与 β 为有限数，这种更广形式的曲线有可能自交. 如何求由式 (5.2) 给出的这类曲线的切线斜率与切线方程呢？我们来探讨这个问题. 设 P 为上述平面曲线 C 上任一点，且不是端点，则存在 $t_0 \in (\alpha,\beta)$, 使 $P=(\varphi(t_0),\psi(t_0))$. 在点 P 附近取点 $Q(\varphi(t_0+\Delta t),\psi(t_0+\Delta t))$, 则连接 P 与 Q 的直线当 $\Delta t\to 0$ 时的极限 (如果存在) 就定义为曲线 C 在点 P 的切线. 我们断言: 如果函数 $\varphi(t)$ 与 $\psi(t)$ 均在点 t_0 可导，并且 $|\varphi'(t_0)|+|\psi'(t_0)|>0$, 则曲线 C 在点 P 必有切线.

事实上，令 $\Delta x=\varphi(t_0+\Delta t)-\varphi(t_0)$, $\Delta y=\psi(t_0+\Delta t))-\psi(t_0))$, 并设 $\Delta t>0$. 则点 P 与 Q 所在直线有方向矢量 $\left(\dfrac{\Delta x}{\Delta t},\dfrac{\Delta y}{\Delta t}\right)$, 令 $\Delta t\to 0^+$, 则该矢量有极限 $(\varphi'(t_0),\psi'(t_0))$. 根据切线定义，这个极限就是曲线 C 在点 P 的切线的一个方向矢量，其斜率是 $\dfrac{\psi'(t_0)}{\varphi'(t_0)}$(假如 $\varphi'(t_0)\neq 0$). 于是曲线 C 在点 P 的切线就有方程 $y=\psi(t_0)+\dfrac{\psi'(t_0)}{\varphi'(t_0)}(x-\varphi(t_0))$.

进一步，如果函数 $x=\varphi(t)$ 有反函数 $t=\varphi^{-1}(x)$, 则参量方程 (5.2) 确定一个复合函数如下:

$$y=\psi(\varphi^{-1}(x)),$$

因此，若函数 $\varphi(t)$ 与 $\psi(t)$ 均可导，且 $\varphi'(t)\neq 0$, 则由复合函数及反函数的求导法则可得

$$\frac{\mathrm{d}y}{\mathrm{d}x}=\psi'(\varphi^{-1}(x))(\varphi^{-1}(x))'=\frac{\psi'(t)}{\varphi'(t)}\Big|_{t=\varphi^{-1}(x)}=\frac{\mathrm{d}y}{\mathrm{d}t}\Big/\frac{\mathrm{d}x}{\mathrm{d}t}.$$

这就是参量方程 (5.2) 所确定的函数的求导公式. 易见当 $\varphi'(t)\neq 0$ 时不利用复合函数的求导法则，而直接利用导数定义，也可得

$$\frac{\mathrm{d}y}{\mathrm{d}x}=\frac{\mathrm{d}y}{\mathrm{d}t}\Big/\frac{\mathrm{d}x}{\mathrm{d}t}=\frac{\psi'(t)}{\varphi'(t)}.$$

以后将证明当 $\varphi'(t)\neq 0$ 时函数 $x=\varphi(t)$ 必有反函数 $t=\varphi^{-1}(x)$.

例 5.3.1 设 $x=\mathrm{e}^{at}\sin(bt+c)$, $y=\mathrm{e}^{at}\cos(bt+c)$, 求 $\dfrac{\mathrm{d}y}{\mathrm{d}x}$.

解 易求得

$$x'=a\mathrm{e}^{at}\sin(bt+c)+b\mathrm{e}^{at}\cos(bt+c).$$

为简化其表达式，我们引入一角度 φ, 满足

$$\cos\varphi=\frac{a}{\sqrt{a^2+b^2}},\quad \sin\varphi=\frac{b}{\sqrt{a^2+b^2}},$$

于是，上式成为

$$\begin{aligned} x' &= \sqrt{a^2+b^2}\mathrm{e}^{at}[\sin(bt+c)\cos\varphi+\cos(bt+c)\sin\varphi] \\ &= \sqrt{a^2+b^2}\mathrm{e}^{at}\sin(bt+c+\varphi). \end{aligned}$$

类似可得

$$y' = \sqrt{a^2+b^2}\mathrm{e}^{at}\cos(bt+c+\varphi).$$

于是

$$\frac{\mathrm{d}y}{\mathrm{d}x} = \frac{y'}{x'} = \frac{\cos(bt+c+\varphi)}{\sin(bt+c+\varphi)} = \cot(bt+c+\varphi).$$

如果由式 (5.2) 定义的曲线 C 满足：函数 $\varphi(t)$ 与 $\psi(t)$ 在区间 $[\alpha,\beta]$ 上存在连续导数，且 $|\varphi'(t)|+|\psi'(t)|>0$, 我们就说曲线 C 是光滑的. 几何上讲，光滑曲线处处有切线且切线随着切点的变化而连续变动.

注意到式 (5.2) 中我们要求 α 与 β 均为有限数，其实不必一定这么做. 一般来说参变量 t 在一个区间上变化，这个区间可以是开的、闭的、半开半闭的、有界的、无界的，每一种情况都是可以的. 我们特别指出，同一平面曲线可以表示成不同的参数形式，有可能出现这种情况：按照一种表示，它是光滑的，按照另一种表示，它则是非光滑的. 例如，曲线

$$L:\ x=t^{5/3},\ y=t^2,\ t\in(-\infty,+\infty).$$

利用这个表示，根据定义，它就不是光滑曲线. 另一方面，消去参数 t, 这个曲线又可以写成

$$L:\ y=x^{6/5},\ x=x,\ x\in(-\infty,+\infty).$$

易见，按照这个新表示，它就是光滑曲线了. 应该怎么化解这个问题呢？只要对光滑曲线的定义做一下修正就可以了，即对给定平面曲线 C, 如果它有形如式 (5.2) 的参数表示，使得处处有 $|\varphi'(t)|+|\psi'(t)|>0$，那么我们就称它是一光滑曲线.

按照这个新定义，上述曲线 L 就是一个光滑曲线.

5.4　高 阶 导 数

5.4.1　基本问题

1. 二阶导数是如何定义，更高阶导数呢？
2. 正弦和余弦函数的高阶导数是如何表达的？
3. 两个函数之积的高阶导数是如何表达的？
4. 如何求参变量的函数的高阶导数？

5.4.2 要点讲解与注释

按照定义，二阶导数就是导数的导数，而前面所学的导数就称为一阶导数. 推而广之，n 阶导数就是 $n-1$ 阶导数的导数, 即有 $f^{(n)}(x)=(f^{(n-1)})'$. 常用的高阶导数公式如下：

(1) $(x^{\alpha})^{(n)}=\alpha(\alpha-1)\cdots(\alpha-n+1)x^{\alpha-n}$.

(2) $(a^x)^{(n)}=a^x(\ln a)^n$, 特别有 $(\mathrm{e}^x)^{(n)}=\mathrm{e}^x$.

(3) $(\sin x)^{(n)}=\sin\left(x+\dfrac{n\pi}{2}\right)$, $(\cos x)^{(n)}=\cos\left(x+\dfrac{n\pi}{2}\right)$.

(4) 莱布尼茨公式 $(f\cdot g)^{(n)}=\sum\limits_{k=0}^{n}\mathrm{C}_n^k f^{(k)}g^{(n-k)}$.

(5) 若 $x=\varphi(t)$, $y=\psi(t)$, 则

$$\frac{\mathrm{d}^2y}{\mathrm{d}x^2}=\frac{\mathrm{d}}{\mathrm{d}x}\Big(\frac{\psi'(t)}{\varphi'(t)}\Big)=\frac{\psi''(t)\varphi'(t)-\psi'(t)\varphi''(t)}{(\varphi'(t))^3}.$$

在求复合函数的高阶导数时一定要小心，不要漏项，要做到正确运用求导法则，以不变应万变.

例 5.4.1 设 $y=x^x\cos x$, 求 y''.

解 由于 $(x^x)'=(\mathrm{e}^{x\ln x})'=x^x(\ln x+1)$, 我们有

$$y'=(x^x)'\cos x+x^x(-\sin x)=x^x(\ln x\cos x+\cos x-\sin x),$$

进一步, 由于

$$(\ln x\cos x+\cos x-\sin x)'=\cos x/x-\ln x\sin x-\sin x-\cos x,$$

可得

$$\begin{aligned}y''&=(x^x)'(\ln x\cos x+\cos x-\sin x)+x^x(\ln x\cos x+\cos x-\sin x)'\\&=x^x\left[(\ln x+1)((1+\ln x)\cos x-\sin x)+\left(\frac{1}{x}-1\right)\cos x-\sin x(1+\ln x)\right].\end{aligned}$$

例 5.4.2 设

$$y=\begin{cases}\dfrac{1}{x}\mathrm{e}^{-\frac{1}{|x|}}, & x\neq 0,\\ 0, & x=0.\end{cases}$$

证明 y 为任意次可导的，且 $y^{(n)}(0)=0$.

证明 首先设 $x>0$, 则有 $y=\dfrac{1}{x}\mathrm{e}^{-\frac{1}{x}}$, 于是，易知

$$y'=-\frac{1}{x^2}\mathrm{e}^{-\frac{1}{x}}+\frac{1}{x}\mathrm{e}^{-\frac{1}{x}}\frac{1}{x^2}=\Big(\frac{1}{x^3}-\frac{1}{x^2}\Big)\mathrm{e}^{-\frac{1}{x}},$$

$$y'' = \left(\frac{1}{x^5} - \frac{4}{x^4} + \frac{2}{x^3}\right)\mathrm{e}^{-\frac{1}{x}}.$$

利用归纳法易证存在 $2n+1$ 次多项式 $P_{2n+1}(u)$, 使

$$y^{(n)}(x) = P_{2n+1}\left(\frac{1}{x}\right)\mathrm{e}^{-\frac{1}{x}}, \quad x > 0.$$

其次设 $x < 0$, 则有 $y = \frac{1}{x}\mathrm{e}^{\frac{1}{x}}$, 同上可知

$$y' = -\frac{1}{x^2}\mathrm{e}^{\frac{1}{x}} + \frac{1}{x}\mathrm{e}^{\frac{1}{x}}\frac{-1}{x^2} = \left(-\frac{1}{x^3} - \frac{1}{x^2}\right)\mathrm{e}^{\frac{1}{x}},$$

$$y'' = \left(\frac{1}{x^5} + \frac{4}{x^4} + \frac{2}{x^3}\right)\mathrm{e}^{\frac{1}{x}},$$

且利用归纳法可证存在 $2n+1$ 次多项式 $Q_{2n+1}(u)$, 使

$$y^{(n)}(x) = Q_{2n+1}\left(\frac{1}{x}\right)\mathrm{e}^{\frac{1}{x}}, \quad x < 0.$$

显然，对任意自然数 n 和一切 $x \neq 0$, $y^{(n)}(x)$ 都存在. 下证 $y^{(n)}(0)$ 也存在. 先证 $y'(0) = 0$. 事实上，利用例 3.5.2 易见

$$y'_+(0) = \lim_{x\to 0^+}\frac{\mathrm{e}^{-\frac{1}{x}}}{x^2} = \lim_{t\to+\infty}\frac{t^2}{\mathrm{e}^t} = \lim_{t\to+\infty}\frac{t}{\sqrt{\mathrm{e}}^{\,t}}\frac{t}{\sqrt{\mathrm{e}}^{\,t}} = 0.$$

同理 $y'_-(0) = 0$. 于是 $y'(0) = 0$. 设已证 $y^{(n-1)}(0) = 0$，由 $y^{(n)}(x)$ 的形式，同上可得

$$(y^{(n-1)})'_+(0) = \lim_{x\to 0^+} P_{2n-1}\left(\frac{1}{x}\right)\mathrm{e}^{-\frac{1}{x}}\frac{1}{x} = \lim_{t\to+\infty}\frac{tP_{2n-1}(t)}{\mathrm{e}^t} = 0.$$

同理 $(y^{(n-1)})'_-(0) = 0$, 从而有 $y^{(n)}(0) = (y^{(n-1)})'(0) = 0$. 于是由归纳法知对任意自然数 n 有 $y^{(n)}(0) = 0$.

5.5 微 分

5.5.1 基本问题

1. 函数在一点可微的定义是什么？什么是函数在一点的微分？

2. 函数在一点可微与可导是什么关系？函数在一点的微分的几何意义是什么？导函数和微分有什么关系？

3. 如何求两个函数四则运算的微分？什么是一阶微分形式的不变性？

4. 二阶微分及更高阶微分是如何定义的？高阶微分和高阶微分有什么关系？二阶微分是否有形式不变性？

5. 如何利用一阶微分在一点附近进行函数的近似计算？

5.5.2 要点讲解与注释

根据定义，函数 $f(x)$ 在点 x_0 可微是指成立

$$\Delta y = A\Delta x + o(\Delta x),$$

其中 A 为常数，$\Delta y = f(x_0+\Delta x) - f(x_0)$. 此时，称 $A\Delta x$ 为 $f(x)$ 在点 x_0 微分，记为 $\mathrm{d}y|_{x=x_0}$ 或 $\mathrm{d}f(x)|_{x=x_0}$. 从定义来看，微分是个不定的小量，而导数则是一个确定的量，但两者却有密切联系，即函数 $f(x)$ 在点 x_0 可微当且仅当它在点 x_0 可导，且此时 $A = f'(x_0)$. 于是总有

$$\mathrm{d}f(x)|_{x=x_0} = f'(x_0)\Delta x.$$

如果函数 f 在其定义区间上任一点都是可微的，就称 f 为该区间上的可微函数，于是 $\mathrm{d}f(x)$ 就有意义，且成立 $\mathrm{d}f(x) = f'(x)\Delta x$. 特别取 $f(x) = x$, 就有 $\mathrm{d}x = \Delta x$. 于是我们得到导数与微分的关系式：

$$\mathrm{d}y = \mathrm{d}f(x) = f'(x)\mathrm{d}x.$$

注意到 $f'(x) = \dfrac{\mathrm{d}f(x)}{\mathrm{d}x}$, 因此上式又可写为

$$\mathrm{d}f(x) = \frac{\mathrm{d}f(x)}{\mathrm{d}x}\mathrm{d}x.$$

上式表明函数 f 的导数等于其微分与微分 $\mathrm{d}x$ 之商，因此，导数又称为微商.

按照微分的记法，有限增量公式可以写成

$$\Delta y = \mathrm{d}y|_{x=x_0} + o(\Delta x) = \mathrm{d}y|_{x=x_0} + o(\mathrm{d}x),$$

此式是说函数微分是函数增量的线性部分，而且是主要部分，因此称其为函数增量的线性主部.

既然可导与可微是等价的，是不是有必要引入微分的概念呢？因为我们目前研究的是一元纯量函数 (即自变量 x 是实数，函数值 $f(x)$ 也是实数)，对这类函数而言，可导与可微在概念上没有区别 (它们的定义方式虽不同，却是等价的)，然而对我们以后要学的多元函数以及向量函数而言，可微的概念就有更广的含义，而导数的概念变成了偏导数.

微分有完全类似于导数的四则运算和链式法则，并且链式法则可以简单地写成

$$\mathrm{d}y = \mathrm{d}f(u) = f'(u)\mathrm{d}u,$$

其中 u 为函数复合的中间变量. 由于这一公式当 u 为自变量时也是成立的，所以我们把微分的这一性质称为一阶微分形式的不变性.

我们再来看看诸量 x，$\mathrm{d}x$ 与 $\mathrm{d}y$ 的关系，从概念上讲，x 是自变量，$\mathrm{d}x$ 是自变量的微分，而 $\mathrm{d}y$ 是函数微分. 由于 $\mathrm{d}x=\Delta x$，是 x 的增量，因此，$\mathrm{d}x$ 是独立于 x 的变量，$\mathrm{d}x$ 又是一个无穷小量，可称其为"微元"，这样一来微分 $\mathrm{d}y$ 就是一个依赖于 x 与 $\mathrm{d}x$ 的"微函数". 用较高等的观点来看，记号 $\mathrm{d}y$ 中的 d 可视为一个运算 (称其为微分算子)，而 $\mathrm{d}y$ 就是 d 作用于函数 y 的结果.

现设函数 $y=f(x)$ 是二阶可导的，则据微分的定义

$$\mathrm{d}y=f'(x)\mathrm{d}x, \quad \mathrm{d}f'(x)=f''(x)\mathrm{d}x,$$

第二式两边同乘以 $\mathrm{d}x$, 并利用第一式可得

$$\mathrm{d}(\mathrm{d}y)=f''(x)(\mathrm{d}x)^2,$$

为了方便，我们引入记法 $\mathrm{d}(\mathrm{d}y)=\mathrm{d}^2y$, $(\mathrm{d}x)^2=\mathrm{d}x^2$，则上式可改写为

$$\mathrm{d}^2y=f''(x)\mathrm{d}x^2 \quad 或 \quad \mathrm{d}^2f=f''(x)\mathrm{d}x^2.$$

称 d^2y 或 d^2f 为函数 $y=f(x)$ 的二阶微分. 上述表示又可以认为是二阶导数 $\dfrac{\mathrm{d}^2f}{\mathrm{d}x^2}=f''(x)$ 的另一表示形式. 类似可引入三阶微分等概念. 一般地，n 阶微分记为 d^ny 或 d^nf, 且有

$$\mathrm{d}^ny=\mathrm{d}^nf=f^{(n)}(x)\mathrm{d}x^n.$$

直接验证可知，复合函数的高阶微分 $(n\geqslant 2)$ 不再具有形式不变性.

例 5.5.1 求函数 $y=\arcsin\sqrt{1-x^2}$ 微分.

解 利用一阶微分形式的不变性，可得

$$\mathrm{d}y=\frac{1}{\sqrt{1-(1-x^2)}}\mathrm{d}(\sqrt{1-x^2})=\frac{1}{|x|}\cdot\frac{-x}{\sqrt{1-x^2}}\mathrm{d}x=\frac{-x\mathrm{d}x}{|x|\sqrt{1-x^2}}.$$

到此，复习总结连续函数和可微函数的各种概念和定理，通过例题和做题加深对理论和方法的理解，逐步形成正确的数学思维方式，提高分析问题和解决问题的能力.

5.6 第 5 章测试题与提示

5.6.1 测试题

1. 设 $f'_-(x_0)$ 与 $f'_+(x_0)$ 均存在，求极限 $\lim\limits_{\Delta x\to 0^+}\dfrac{f(x_0+\Delta x)-f(x_0-2\Delta x)}{\Delta x}$.

2. 设函数 f 在点 x_0 存在左右导数, 试证 f 在点 x_0 连续.

3. 设 $f(x)=|x|^3$，试讨论 f 在 $x=0$ 的各阶导数.

4. 求函数 $y=(x^2+1)(3x-1)(1-x^3)$ 的导数.

5. 函数 $f(x)$ 为可导函数, 证明: 若 $x=1$ 时有

$$\frac{\mathrm{d}}{\mathrm{d}x}f(x^2)=\frac{\mathrm{d}}{\mathrm{d}x}f^2(x),$$

则必有 $f'(1)=0$ 或 $f(1)=1$.

6. 求参量方程 $x=\cos^4 t, y=\sin^4 t$ 在 $t=0,\dfrac{\pi}{2}$ 处的导数.

7. 设 f 为二阶可导函数, 求下列函数的二阶导数：

(1) $y=f(\ln x)$; (2) $y=f(x^n)$.

8. 设函数 $y=f(x)$ 在点 x 三阶可导, 且 $f'(x)\neq 0$. 若 $f(x)$ 存在反函数 $x=f^{-1}(y)$, 试用 $f'(x),f''(x)$ 以及 $f'''(x)$ 表示 $(f^{-1})'''(y)$.

9. 设 $y=\arctan x$.

(1) 证明它满足方程 $(1+x^2)y''+2xy'=0$;

(2) 求 $y^{(n)}|_{x=0}$.

10. 证明函数 $f(x)=|\ln|x-1||$ 在 $x=0$ 处不可导.

11. 设函数 $f(x)$ 在点 $x=0$ 右可导，且 $f(0)=0$, 则

$$\lim_{n\to\infty}\left[f\left(\frac{1}{n^2}\right)+f\left(\frac{2}{n^2}\right)+\cdots+f\left(\frac{n}{n^2}\right)\right]=\frac{f'_+(0)}{2}.$$

5.6.2 提示

1. 利用右导数的有限增量公式，可得所求极限为 $f'_+(x_0)+2f'_-(x_0)$.

2. 记 $\Delta y=f(x_0+\Delta x)-f(x_0)$, 只需证 $\lim\limits_{\Delta x\to 0}\Delta y=0$. 因为 $f(x)$ 在点 x_0 右可导, 故当 $\Delta x>0$ 充分小时

$$\Delta y=f'_+(x_0)\Delta x+o(\Delta x),$$

这就是右导数存在时的有限增量公式. 由此即知 $\lim\limits_{\Delta x\to 0^+}\Delta y=0$. 同理有 $\lim\limits_{\Delta x\to 0^-}\Delta y=0$. 即为所证.

3. 由 $f(x)=|x|^3$ 即知

$$f'(x)=\begin{cases}3x^2, & x>0,\\ -3x^2, & x<0,\end{cases}\qquad f''(x)=\begin{cases}6x, & x>0,\\ -6x, & x<0.\end{cases}$$

由左右导数定义知 $f'_+(0)=f'_-(0)=0$, 故 $f'(0)=0$. 由此，进一步可知 $(f')'_+(0)=(f')'_-(0)=0$, 即得 $f''(0)=(f')'(0)=0$. 由此又可知 $(f'')'_+(0)=6$, $(f'')'_-(0)=-6$, 于是 $f'''(0)$ 不存在. 因而可知，对一切 $n\geqslant 3$, $f^{(n)}(0)$ 都不存在.

4. 所求导数为

$$\begin{aligned}y' &= 2x(3x-1)(1-x^3)+(x^2+1)3(1-x^3)+(x^2+1)(3x-1)(-3x^2)\\&= -18x^5+5x^4-12x^3+12x^2-2x+3.\end{aligned}$$

5. 因为 $\dfrac{\mathrm{d}}{\mathrm{d}x}f(x^2)=f'(x^2)2x$, $\dfrac{\mathrm{d}}{\mathrm{d}x}f^2(x)=2f(x)f'(x)$, 故由条件知 $f'(1)2=2f(1)f'(1)$, 即 $f'(1)(f(1)-1)=0$, 从而 $f'(1)=0$ 或 $f(1)=1$.

6. 我们有

$$\frac{\mathrm{d}y}{\mathrm{d}x}=\frac{y'(t)}{x'(t)}=\frac{4\sin^3 t\cos t}{-4\cos^3 t\sin t}=-\tan^2 t,$$

即得 $\left.\dfrac{\mathrm{d}y}{\mathrm{d}x}\right|_{t=0}=0, \left.\dfrac{\mathrm{d}y}{\mathrm{d}x}\right|_{t=\frac{\pi}{2}}=-\infty$.

7. (1) $y'=\dfrac{1}{x}f'(\ln x)$, $y''=-\dfrac{1}{x^2}f'(\ln x)+\dfrac{1}{x^2}f''(\ln x)$. (2) $y'=nx^{n-1}f'(x^n)$, $y''=n(n-1)x^{n-2}f'(x^n)+(nx^{n-1})^2f''(x^n)$.

8. 由反函数求导法则, 有 $(f^{-1})'(y)=\dfrac{1}{f'(x)}$,

$$\begin{aligned}(f^{-1})''(y) &= \frac{\mathrm{d}[(f^{-1})'(y)]}{\mathrm{d}y}=\frac{\mathrm{d}}{\mathrm{d}y}\left[\frac{1}{f'(x)}\right]\\&= \frac{\mathrm{d}}{\mathrm{d}x}\left[\frac{1}{f'(x)}\right]\cdot\frac{\mathrm{d}x}{\mathrm{d}y}=-\frac{f''(x)}{[f'(x)]^2}\cdot\frac{1}{f'(x)}\\&= -\frac{f''(x)}{[f'(x)]^3},\\(f^{-1})'''(y) &= \frac{\mathrm{d}}{\mathrm{d}y}\left\{\frac{f''(x)}{[f'(x)]^3}\right\}=\frac{\mathrm{d}}{\mathrm{d}x}\left\{-\frac{f''(x)}{[f'(x)]^3}\right\}\cdot\frac{\mathrm{d}x}{\mathrm{d}y}\\&= -\frac{f'''(x)\cdot[f'(x)]^3-f''(x)\cdot 3[f'(x)]^2f''(x)}{[f'(x)]^6}\cdot\frac{1}{f'(x)}\\&= \frac{3[f''(x)]^2-f'(x)f'''(x)}{[f'(x)]^5}.\end{aligned}$$

9. 因为 $y'=\dfrac{1}{1+x^2}$, $y''=\dfrac{-2x}{(1+x^2)^2}$, 所以

$$(1+x^2)y''+2xy'=(1+x^2)\cdot\frac{-2x}{(1+x^2)^2}+2x\cdot\frac{1}{1+x^2}=0.$$

易见 $y'|_{x=0}=\dfrac{1}{1+x^2}|_{x=0}=1$, $y''|_{x=0}=\dfrac{-2x}{(1+x^2)^2}|_{x=0}=0$. 当 $n\geqslant 3$ 时, 将方程两边求 $n-2$ 阶导数, 有

$$[(1+x^2)y'']^{(n-2)}+(2xy')^{(n-2)}=0,$$

利用莱布尼茨公式得

$$\left[(1+x^2)y^{(n)}+(n-2)\cdot 2x\cdot y^{(n-1)}+\frac{(n-2)(n-3)}{2}\cdot 2y^{(n-2)}\right]$$
$$+\left[2xy^{(n-1)}+(n-2)\cdot 2y^{(n-2)}\right]=0.$$

令 $x=0$, 得到 $y^{(n)}|_{x=0}=-(n-1)(n-2)y^{(n-2)}|_{x=0}$. 从而

$$y^{(n)}|_{x=0}=\begin{cases}0, & n=2m,\\ (-1)^m(2m)!, & n=2m+1.\end{cases}$$

10. $f'_+(0)=1$, $f'_-(0)=-1$.

11. 由右导数的有限增量公式可得

$$f\left(\frac{j}{n^2}\right)=f(0)+f'_+(0)\frac{j}{n^2}+g\left(\frac{j}{n^2}\right),\quad j=1,\cdots,n,$$

其中 $g(x)=o(x)$. 以上 n 式相加，并注意到

$$f(0)=0,\quad \frac{1}{n^2}+\cdots+\frac{n}{n^2}=\frac{n+1}{2n},$$

可得

$$f\left(\frac{1}{n^2}\right)+f\left(\frac{2}{n^2}\right)+\cdots+f\left(\frac{n}{n^2}\right)=\frac{n+1}{2n}f'_+(0)+A_n,$$

其中 $A_n=g\left(\frac{1}{n^2}\right)+\cdots+g\left(\frac{n}{n^2}\right)$. 只需证 $\lim\limits_{n\to\infty}A_n=0$. 事实上，$\forall\,\varepsilon>0, \exists\,\delta>0$, 使当 $|x|<\delta$ 时 $|g(x)|<\varepsilon|x|$. 又易见 $\exists N>0$ 使当 $n>N$ 时 $\left|\frac{j}{n^2}\right|<\delta$, $j=1,\cdots,n$. 由此可知当 $n>N$ 时

$$|A_n|<\varepsilon\left(\frac{1}{n^2}+\cdots+\frac{n}{n^2}\right)=\varepsilon\frac{n+1}{2n}<\varepsilon.$$

即为所证.

第 6 章　微分中值定理及其应用

6.1　拉格朗日中值定理与函数单调性

6.1.1　基本问题

1. 罗尔中值定理和拉格朗日中值定理的条件和结论各是什么，又是如何证明的？这两个定理的几何意义是什么？

2. 拉格朗日中值公式有哪些等价形式，其主要作用有哪些？

3. 导数极限定理是怎么说的，怎么证明的，主要用于什么问题？

4. 函数的 (严格) 单调性跟其导数有什么关系？

5. 达布定理是怎么证明的？试给出一个较简单的证明.

6.1.2　要点讲解与注释

罗尔 (Rolle) 中值定理是最基本的微分中值定理，它有三个条件，其中每个条件都不可随意去掉，否则，其结论便不再成立. 罗尔中值定理的证明用到两个重要定理，即连续函数的最值定理和关于极值存在之必要条件的费马定理. 罗尔中值定理本身还有很直观的几何意义，很可能其证明思路最初就是受这个几何意义的启发而来的. 易知，罗尔中值定理有下列两个常用的推论.

命题 6.1.1　设函数 f 在区间 $[a,b]$ 连续，在 (a,b) 可导，则

(1) 若 $f'(x)\neq 0, x\in(a,b)$, 则 f 在 $[a,b]$ 是一一的，从而至多有一个根.

(2) 若存在 $c\in(a,b)$ 使 $f(a)=f(b)=f(c)$, 则必存在 $\xi_1,\xi_2\in(a,b)$, 且 $\xi_1\neq\xi_2$, 使 $f'(\xi_1)=f'(\xi_2)=0$.

命题 6.1.2　设函数 f 在区间 (a,b) 是二阶可导的，且 $f''(x)\neq 0$, 则 f 在 $[a,b]$ 至多有两个根.

以上结论告诉我们，罗尔中值定理可用来判定函数在一区间上的根的最大个数，其证明用的是反证法.

拉格朗日 (Lagrange) 中值定理在形式上是罗尔中值定理的推广，但其实也是罗尔中值定理的推论，其证明的关键是构造了一个有明显几何意义的辅助函数. 拉格朗日中值定理中给出的公式称为拉格朗日中值公式，该公式有三种等价的形式，常用它们来证明一些不等式. 拉格朗日中值定理有下列有趣应用.

命题 6.1.3　设函数 f 在区间 I 上可导，则

(1) 若 $f'(x)\equiv 0$, 则 f 为常数函数;

(2) 若 $f'(x) \geqslant 0(\leqslant 0)$, 则 f 为递增函数 (递减函数);

(3) 若 $f'(x) > 0(< 0)$, 则 f 为严格增函数 (严格减函数).

命题 6.1.4 设函数 f 在某空心邻域 $U^\circ(x_0)$ 内可导, 在点 x_0 有定义且连续. 若 $f'(x_0+)$ $(f'(x_0-))$ 存在，则 $f'_+(x_0)(f'_-(x_0))$ 存在, 且 $f'(x_0+) = f'_+(x_0)(f'(x_0-) = f'_-(x_0))$. 从而当 $f'(x_0\pm)$ 均存在且 $f'(x_0+) = f'(x_0-)$ 时 f 在点 x_0 可导，且 $f'(x)$ 在点 x_0 连续.

上述结论比文献 [1] 中的导数极限定理包含更多的信息，但其证明是完全类似的 (建议读者给出完整的证明，主要思路是利用拉格朗日中值定理). 这一结论告诉我们导函数的间断点不能是第一类的. 这一结论也可用来判别分段函数在分段点是否存在导数，以及导数是否连续.

达布 (Darboux) 定理告诉我们，可导函数的导函数具有介值性，即如果 f 在 $[a,b]$ 可导，且 $f'_+(a) \neq f'_-(b)$, 则 f' 在 (a,b) 上可取到 $f'_+(a)$ 与 $f'_-(b)$ 之间的任一数值. 这个结论很有意思，因为 f' 未必连续，却仍然有介值性. 文献 [1] 中利用最值定理和费马定理证明了达布定理，此处我们提供一个新证明 (反证法). 设 k 为介于 $f'_+(a)$ 与 $f'_-(b)$ 之间的任一数值，令 $F(x) = f(x) - kx$, 则 F 在 $[a,b]$ 可导，且 $F'_+(a)F'_-(b) < 0$. 如果结论不成立，则函数 $F'(x)$ 在 (a,b) 上定号，不妨设 $F'(x) > 0$, 则由命题 6.1.3 知函数 F 在 (a,b) 上是严格增加的，于是由导数定义知必有 $F'_+(a) \geqslant 0$, $F'_-(b) \geqslant 0$, 这与 $F'_+(a)F'_-(b) < 0$ 矛盾. 即为所证.

例 6.1.1 设函数 f 在区间 I 上可导，则

(1) 如果 $f'(x)$ 在 I 上单调，则 $f'(x)$ 在 I 上连续;

(2) 如果 $f'(x)$ 在 I 上有界，则 $f(x)$ 在 I 上一致连续.

证明 (1) 设 $f'(x)$ 在 I 上单调，则在 I 的任一内点处，左右极限 $f'(x\pm)$ 都存在，从而由上述命题 4 知 f' 在 x 连续. 在属于区间的端点处同样可证 f' 是左连续或右连续的. (2) 设 $f'(x)$ 在 I 上有界，则存在常数 $M > 0$，使对一切 $x \in I$ 有 $|f'(x)| \leqslant M$. 于是由拉格朗日中值定理，对任意 $x_1, x_2 \in I$ 成立

$$|f(x_1) - f(x_2)| = |f'(\xi)(x_1 - x_2)| \leqslant M|x_1 - x_2|,$$

其中 ξ 介于 x_1 与 x_2 之间. 因此，任给 $\varepsilon > 0$, 取 $\delta = \varepsilon/M$, 则当 $|x_1 - x_2| < \delta$ 时必有 $|f(x_1) - f(x_2)| < \varepsilon$. 结论 (2) 得证.

上题第一结论可视为命题 6.1.4 的推论，也可利用拉格朗日中值定理给出直接的详细证明. 由第二结论易知函数 $y = x^\alpha$ 当 $\alpha \leqslant 1$ 时在区间 $[1, +\infty)$ 上是一致连续的.

例 6.1.2 设函数 f: $[0,1] \to \mathbf{R}$ 定义如下:

$$f(x)=\begin{cases}2x, & x\neq\dfrac{1}{2},\\ 0, & x=\dfrac{1}{2}.\end{cases}$$

则不存在定义于 $[0,1]$ 上的可导函数 F, 使 $F'(x)=f(x)$.

证明 由 f 的定义知 $f(0)=0$, $f(1)=2$, 但 f 取不到 1, 因此这个函数不具有介值性，于是若所述 F 存在，则由达布定理立得矛盾. 故结论成立.

上例是达布定理的一个直接应用，也可以利用命题 6.1.4 来获得. 类似的例子还可以给出很多.

利用定积分与不定积分的知识可证，如果函数 f 在区间 $[a,b]$ 上连续，则必存在定义于 $[a,b]$ 上的可导函数 F, 使 $F'(x)=f(x)$. 利用这一结论进一步可证下述结论 (此处只能略去证明了).

命题 6.1.5 如果函数 f 在区间 $[a,b]$ 上仅有有限个间断点，且所有这些间断点都是可去的 (于是 f 可经补充定义称为一个连续函数)，则必存在定义于 $[a,b]$ 上的可导函数 F, 使 $F'_+(a)=f(a+)$, $F'_-(b)=f(b-)$, $F'(x)=f(x\pm)$, $x\in(a,b)$.

拉格朗日中值定理还可用于研究函数的解析性质 (包括证明与函数及其导数相关的等式与不等式，以及求极限等). 见例 6.13—例 6.15.

例 6.1.3 设函数 $f(x)$ 在区间 $[a,b]$ 上二阶可导，且存在 $c\in(a,b)$ 使 $f(c)>f(a)$, $f(c)>f(b)$, 则必存在 $\xi\in(a,b)$ 使 $f''(\xi)<0$.

证明 对函数 f 在区间 $[a,c]$ 与 $[c,b]$ 上分别利用拉格朗日中值定理，可知存在 $x_1\in(a,c)$, $x_2\in(c,b)$, 使

$$f'(x_1)=\frac{f(c)-f(a)}{c-a},\quad f'(x_2)=\frac{f(b)-f(c)}{b-c},$$

特别有 $f'(x_1)>0$, $f'(x_2)<0$. 对函数 $f'(x)$ 在区间 $[x_1,x_2]$ 上再次利用拉格朗日中值定理，可知存在 $\xi\in(x_1,x_2)$, 使

$$f''(\xi)=\frac{f'(x_2)-f'(x_1)}{x_2-x_1}.$$

即为所证.

上题也可用反证法证之.

例 6.1.4 证明: (1) $\dfrac{b-a}{b}<\ln\dfrac{b}{a}<\dfrac{b-a}{a}$, 其中 $0<a<b$;

(2) $\lim\limits_{x\to0}\dfrac{\ln(1+x)}{x}=1$, $\lim\limits_{x\to+\infty}\dfrac{\ln x}{x^\beta}=0$, $\lim\limits_{x\to0+}x^\beta\ln x=0$, 其中 $\beta>0$.

证明 对函数 $\ln x$ 在区间 $[a,b]$ 上利用拉格朗日中值定理，可知存在 $\xi\in(a,b)$, 使 $\ln b-\ln a=\dfrac{1}{\xi}(b-a)$. 易见，$\dfrac{1}{b}<\dfrac{1}{\xi}<\dfrac{1}{a}$. 即得结论 (1).

对 $x>0(-1<x<0)$ 取 $a=1,b=1+x(a=1+x,b=1)$ 由结论 (1) 可得当 $x>-1, x\neq 0$ 时

$$\frac{x}{1+x}<\ln(1+x)<x.$$

于是

$$\lim_{x\to 0+}\frac{\ln(1+x)}{x}=1,\quad \lim_{x\to 0-}\frac{\ln(1+x)}{x}=1,$$

即得结论 (2) 第一式. 进一步，对 $x>1$, $\alpha>0$, 取 $a=1$, $b=x^\alpha$, 由结论 (1) 可得当 $x>1$ 时成立

$$0<\ln x<\frac{x^\alpha-1}{\alpha}.$$

从而对 $\beta>\alpha>0$, $x>0$, 恒成立

$$0<\frac{\ln x}{x^\beta}<\frac{x^\alpha-1}{\alpha x^\beta}=\frac{x^{\alpha-\beta}-x^{-\beta}}{\alpha}.$$

两边取极限即得结论 (2) 第二式. 取 $a=x^\alpha$, $b=1$, $0<x<1$, 类似可得结论 (2) 第三式.

例 6.1.5　设函数 $f:I\to I$ 为一可导函数，且存在常数 $\theta\in(0,1)$ 使 $|f'(x)|\leqslant\theta$. 任取 $a_1\in I$, 定义 $a_{n+1}=f(a_n)$, $n\geqslant 1$, 于是可得数列 $\{a_n\}$. 证明该数列必收敛，且其极限 a 满足 $f(a)=a$.

证明　若 $a_n\neq a_{n-1}$, 则由拉格朗日中值定理，存在 ξ_n, 介于 a_n 与 a_{n-1} 之间，使有

$$f(a_n)-f(a_{n-1})=f'(\xi_n)(a_n-a_{n-1}),$$

于是，由假设可得

$$|a_{n+1}-a_n|=|f(a_n)-f(a_{n-1})|\leqslant\theta|a_n-a_{n-1}|.$$

显然，上式当 $a_n=a_{n-1}$ 时仍成立. 多次利用上式可进一步得

$$|a_{n+1}-a_n|\leqslant\theta^2|a_{n-1}-a_{n-2}|\leqslant\cdots\leqslant\theta^{n-1}|a_2-a_1|.$$

由此又可得，对任意正整数 p 成立

$$\begin{aligned}|a_{n+p}-a_n|&\leqslant|a_{n+p}-a_{n+p-1}|+|a_{n+p-1}-a_{n+p-2}|+\cdots+|a_{n+1}-a_n|\\&\leqslant(\theta^{n+p-2}+\cdots+\theta^{n-1})|a_2-a_1|\\&=\theta^{n-1}\frac{1-\theta^p}{1-\theta}|a_2-a_1|\\&\leqslant\frac{\theta^{n-1}}{1-\theta}|a_2-a_1|.\end{aligned}$$

这表明 $\{a_n\}$ 是一柯西数列，从而该数列必收敛，设其极限为 a，则由 $a_{n+1}=f(a_n)$ 取极限即知 $f(a)=a$.

6.2　柯西中值定理与不定式极限

6.2.1　基本问题

1. 柯西中值定理的条件和结论各是什么，又是如何证明的，几何意义是什么？

2. 求两种基本不定式极限的洛必达法则是什么，是如何证明的？

3. 其他不定式极限如何转化为这两种基本不定式？

4. 柯西中值定理的应用.

(1) 证明 $\lim\limits_{x\to+\infty}\dfrac{\ln(1+x)-\ln x}{(1+x)^{\alpha}-x^{\alpha}}=0$, 其中 $\alpha>0$.

(2) 设 $a\in\mathbf{R}$, $h>0$, 函数 f 在区间 $[a-h,a+h]$ 上连续，在 $(a-h,a+h)$ 上二阶可导，则存在 $\theta\in(0,1)$, 使成立

$$\frac{f(a+h)+f(a-h)-2f(a)}{h^2}=\frac{f''(a+\theta h)+f''(a-\theta h)}{2}.$$

5. 洛必达法则的应用. 求下列极限.

(1) $\lim\limits_{x\to 0}\dfrac{\mathrm{e}^x-\sqrt{1+2x}}{\ln(1+x^2)}$;

(2) $\lim\limits_{x\to 1}\left(\dfrac{1}{x-1}-\dfrac{1}{\ln x}\right)$;

(3) $\lim\limits_{n\to\infty}\left(1+\dfrac{1}{n}+\dfrac{1}{n^2}\right)^n$;

(4) $\lim\limits_{h\to 0}\dfrac{f(a+h)+f(a-h)-2f(a)}{h^2}=f''(a)$, 其中设 $f''(a)$ 存在.

6.2.2　要点讲解与注释

经典的微分中值定理是指罗尔中值定理、拉格朗日中值定理和柯西中值定理，其中形式最一般的是柯西中值定理，该定理可叙述如下.

柯西中值定理　设函数 f 和 g 满足下列条件:

(i) 在 $[a,b]$ 上连续;

(ii) 在 (a,b) 上可导，且 $f'(x)$ 与 $g'(x)$ 不同时为零;

(iii) $g(a)\neq g(b)$,

则存在 $\xi\in(a,b)$, 使成立

$$\frac{f(b)-f(a)}{g(b)-g(a)}=\frac{f'(\xi)}{g'(\xi)}.$$

柯西中值定理的证明与拉格朗日中值定理类似，都是利用罗尔中值定理，其关键是引入一个合适的辅助函数. 上述定理的几何也与拉格朗日中值定理类似.

柯西中值定理的一个重要应用是洛必达法则的推导，而洛必达法则是利用导数求函数不定式极限甚至求数列极限的十分有效且常用的工具，该法则适用于六

种方式的函数极限，并且在求同一极限时可以多次使用，而极限本身可以是有限数，也可以是无穷大.

下面我们给出柯西中值定理与洛必达法则的若干应用实例.

例 6.2.1 证明

$$\lim_{x\to+\infty}\frac{\ln(1+x)-\ln x}{(1+x)^\alpha-x^\alpha}=\begin{cases}0, & \alpha>0,\\ +\infty, & \alpha<0.\end{cases}$$

证明 令 $f(x)=\ln x$, $g(x)=x^\alpha$, 则 $\dfrac{f'(x)}{g'(x)}=\dfrac{1}{\alpha x^\alpha}$. 对 $x>0$, 在区间 $[x,x+1]$ 上利用柯西中值定理，可知存在 $\theta\in(0,1)$, 使成立

$$\frac{\ln(1+x)-\ln x}{(1+x)^\alpha-x^\alpha}=\frac{1}{\alpha(x+\theta)^\alpha}.$$

由此即知结论成立.

例 6.2.2 设 $a\in\mathbf{R}$, $h>0$, 函数 f 在区间 $[a-h,a+h]$ 上连续，在 $(a-h,a+h)$ 上二阶可导，则存在 $\theta\in(0,1)$, $\alpha\in(a-h,a+h)$ 使成立

$$\frac{f(a+h)+f(a-h)-2f(a)}{h^2}=\frac{f''(a+\theta h)+f''(a-\theta h)}{2}=f''(\alpha).$$

证明 令 $F(x)=f(a+x)+f(a-x)-2f(a)$, $G(x)=x^2$, 在区间 $[0,h]$ 上利用柯西中值定理，可得

$$\frac{F(h)-F(0)}{G(h)-G(0)}=\frac{F'(\xi)}{G'(\xi)},\quad 0<\xi<h.$$

由于 $F'(x)=f'(a+x)-f'(a-x)$, $F'(0)=0$, $G'(x)=2x$, 在区间 $[0,\xi]$ 上再次利用柯西中值定理，又可得

$$\frac{F'(\xi)}{G'(\xi)}=\frac{F'(\xi)-F'(0)}{G'(\xi)-G'(0)}=\frac{F''(\eta)}{G''(\eta)}=\frac{f''(a+\eta)+f''(a-\eta)}{2},\quad 0<\eta<\xi<h.$$

由于

$$\min\{f''(a+\eta),f''(a-\eta)\}\leqslant\frac{f''(a+\eta)+f''(a-\eta)}{2}\leqslant\max\{f''(a+\eta),f''(a-\eta)\},$$

而导数具有介值性 (上一节的达布定理)，故必存在 $\alpha\in[a-\eta,a+\eta]$, 使

$$\frac{f''(a+\eta)+f''(a-\eta)}{2}=f''(\alpha).$$

由以上诸式即得证明.

例 6.2.3 证明 $\displaystyle\lim_{h\to0}\frac{f(a+h)+f(a-h)-2f(a)}{h^2}=f''(a)$, 其中设 $f''(a)$ 存在.

证明 因为 $f''(a)$ 存在，故

$$\lim_{h\to 0}\frac{f'(a+h)-f'(a)}{h}=\lim_{h\to 0}\frac{f'(a)-f'(a-h)}{h}=f''(a).$$

于是，由洛必达法则可得

$$\lim_{h\to 0}\frac{f(a+h)+f(a-h)-2f(a)}{h^2}=\lim_{h\to 0}\frac{f'(a+h)-f'(a-h)}{2h}=f''(a).$$

请思考：例 6.2.3 的结论能否直接利用例 6.2.2 的结论得到？答案应当是显而易见的，只要注意到例 6.2.3 的条件弱于例 6.2.2 的条件.

例 6.2.4 证明: (1) $\lim\limits_{x\to 0+}x^\beta\ln x=0$; (2) $\lim\limits_{x\to+\infty}\dfrac{\ln x}{x^\beta}=0$; (3) $\lim\limits_{x\to+\infty}\dfrac{x^\beta}{a^x}=0$, 其中 $\beta>0$, $a>1$.

证明 利用洛必达法则即可得

$$\lim_{x\to 0+}x^\beta\ln x=\lim_{x\to 0+}\frac{\ln x}{x^{-\beta}}=\lim_{x\to 0+}\frac{\dfrac{1}{x}}{-\beta x^{-\beta-1}}=\lim_{x\to 0+}\frac{x^\beta}{-\beta}=0.$$

即得结论 (1). 类似可得结论 (2). 对结论 (3)，利用洛必达法则 β 次 (当 β 是正整数时) 或 $[\beta]+1$ 次 (当 β 不是正整数时) 即可证明.

例 6.2.5 证明对任意 $x>0$, 存在 $\theta=\theta(x)\in(0,1)$ 使成立

(1) $\ln(1+x)-\ln x=\dfrac{1}{x+\theta}$,

(2) 量 θ 关于 x 是严格增加的，且 $\lim\limits_{x\to 0+}\theta(x)=0$, $\lim\limits_{x\to+\infty}\theta(x)=\dfrac{1}{2}$.

证明 对函数 $\ln x$ 在区间 $[x,1+x]$ 上应用拉格朗日中值定理即得结论 (1). 由此可解得

$$\theta=\frac{1}{\ln\left(1+\dfrac{1}{x}\right)}-x,$$

由此易见 $\lim\limits_{x\to 0+}\theta(x)=0$, 且当 $x>0$ 充分小时 $\theta(x)$ 等价于 $-(\ln x)^{-1}$. 为证另一极限，令 $t=\dfrac{1}{x}$, 可得

$$\theta=\frac{t-\ln(1+t)}{t\ln(1+t)}.$$

由于当 $t\to 0+$ 时 $\ln(1+t)\sim t$, 于是先利用这一等价性，再利用洛必达法则可得

$$\lim_{x\to+\infty}\theta=\lim_{t\to 0+}\frac{t-\ln(1+t)}{t^2}=\lim_{t\to 0+}\frac{1-\dfrac{1}{1+t}}{2t}=\lim_{t\to 0+}\frac{1}{2(1+t)}=\frac{1}{2}.$$

再证 θ 关于 x 是严格增加的，只需证 $\dfrac{\mathrm{d}\theta}{\mathrm{d}t}<0$. 为此，可求得

$$\frac{\mathrm{d}\theta}{\mathrm{d}t}=\frac{-\varphi(t)}{(1+t)t^2\ln^2(1+t)},\quad \varphi(t)=t^2-(1+t)\ln^2(1+t).$$

进而可得

$$\varphi'(t)=2t-2\ln(1+t)-\ln^2(1+t),\quad \varphi''(t)=\frac{2}{1+t}[t-\ln(1+t)].$$

易知，对一切 $t>0$ 有 $\varphi''(t)>0$, 从而当 $t>0$ 有 $\varphi'(t)>\varphi'(0)=0, \varphi(t)>\varphi(0)=0$.

6.3 泰勒公式

6.3.1 基本问题

1. 带佩亚诺 (Peano) 余项的 n 阶泰勒公式是如何证明的，成立的条件是什么？这个条件会是必要的吗，为什么？

2. 常见函数的麦克劳林公式是什么？思考它这些公式的主要作用.

3. 带拉格朗日余项的泰勒公式是什么，成立的 (充分) 条件是什么，又是如何证明的？

4. 以上两类泰勒公式有何区别？(比较它们的条件和结论, 以及作用)

5. 泰勒公式的应用.

(1) 求极限 $\lim\limits_{x\to 0}\dfrac{\cos x-\mathrm{e}^{-x^2/2}}{x^4}$;

(2) 设 f 在 $[a,b]$ 二阶可导，且 $f'\left(\dfrac{a+2b}{3}\right)=0$, 则存在 $\xi\in(a,b)$ 使

$$|f(b)-f(a)|\leqslant\frac{5}{18}(b-a)^2|f''(\xi)|.$$

6.3.2 要点讲解与注释

设 f 为定义于 $[a,b]$ 的函数，$x_0\in(a,b)$, n 为正整数. 如果 $f^{(n)}(x_0)$ 存在，则可引入下列 n 次多项式 (称其为函数 f 在点 x_0 的 n 阶泰勒多项式)

$$T_n(x,x_0)=f(x_0)+f'(x_0)(x-x_0)+\frac{f''(x_0)}{2!}(x-x_0)^2+\cdots+\frac{f^{(n)}(x_0)}{n!}(x-x_0)^n.$$

于是，课本中所介绍的两个泰勒公式可分别叙述如下.

带有佩亚诺余项的泰勒公式 设 $f^{(n)}(x_0)$ 存在，则当 $|x-x_0|$ 充分小时成立

$$f(x)=T_n(x,x_0)+o(|x-x_0|^n).$$

称其为 f 在 x_0 的带有佩亚诺余项的 n 阶泰勒公式. 当 $x_0=0$ 时上式成为

$$f(x)=f(0)+f'(0)x+\frac{f''(0)}{2!}x^2+\cdots+\frac{f^{(n)}(0)}{n!}x^n+o(x^n).$$

称其为带有佩亚诺余项的 n 阶麦克劳林公式.

带有拉格朗日余项的泰勒公式　设 $f^{(n)}(x)$ 在 $[a,b]$ 上存在且连续，$f^{(n+1)}(x)$ 在 (a,b) 上存在, 则对任意的 $x,x_0\in[a,b]$, 存在介于 x 与 x_0 之间的某点 ξ，使成立

$$f(x)=T_n(x,x_0)+\frac{f^{(n+1)}(\xi)}{(n+1)!}(x-x_0)^{n+1}.$$

称其为 f 在 x_0 的带有拉格朗日余项的 $n+1$ 阶泰勒公式. 当 $x_0=0$ 时上式成为

$$f(x)=f(0)+f'(0)x+\frac{f''(0)}{2!}x^2+\cdots+\frac{f^{(n)}(0)}{n!}x^n+\frac{f^{(n+1)}(\theta x)}{(n+1)!}x^{n+1},\quad 0<\theta<1.$$

称其为带有拉格朗日余项的 $n+1$ 阶麦克劳林公式.

当 $|x|$ 充分小时上述公式又可以简写为

$$f(x)=f(0)+f'(0)x+\frac{f''(0)}{2!}x^2+\cdots+\frac{f^{(n)}(0)}{n!}x^n+O(|x|^{n+1}).$$

这一公式也是常用的 n 阶泰勒公式或麦克劳林公式的常用形式.

我们顺便指出，还有第三种类型的泰勒公式 (要求 $f^{(n+1)}(x)$ 存在且连续)，称其为带有积分余项的泰勒公式，这一类公式有时候更有用，详见文献 [1] 的 3.5 节.

我们这里简单总结一下上述所列两个泰勒公式的异同.

(1) 两个公式成立的条件不同，它们成立的形式也不同. 带有佩亚诺余项的泰勒公式成立的条件较弱，该公式只在 x_0 的充分小的邻域内成立，可看作是函数有限增量公式的推广; 而带有拉格朗日余项的泰勒公式成立的条件和公式本身都是整体性的，变量 x 的变化范围是整个区间，可看作是拉格朗日中值公式的推广.

(2) 两个公式的作用各有不同，带有佩亚诺余项的泰勒公式适用于求函数极限，以及研究函数极值 (见 6.4 节); 而带有拉格朗日余项的泰勒公式可用于函数值的近似计算，以及与高阶导数相关的等式或不等式的建立与证明.

(3) 两个公式的证明都与柯西中值定理有关. 带有佩亚诺余项的泰勒公式是多次直接应用洛必达法则来证明的 (即间接地应用了柯西中值定理)，而带有拉格朗日余项的泰勒公式则是通过巧妙地引入辅助函数直接地应用柯西中值定理来得出的.

现在我们思考这样一个问题：如果 f 在 x_0 的带有佩亚诺余项的 n 阶泰勒公式成立，即当 $|x-x_0|$ 充分小时

$$f(x)=T_n(x,x_0)+o(|x-x_0|^n),$$

那么 n 阶导数 $f^{(n)}(x_0)$ 是否存在呢? 以 $n=1$ 为例，考虑函数

$$f(x)=a+b(x-x_0)+(x-x_0)^3\sin\frac{1}{(x-x_0)^3},$$

就知道答案是否定的. 进一步易知 n 阶导数 $f^{(n)}(x_0)$ 存在的充分必要条件是当 $|x-x_0|$ 充分小时成立

$$f^{(k)}(x)=(T_n(x,x_0))^{(k)}+o(|x-x_0|^{n-k}),\quad k=0,\cdots,n-1.$$

换句话说，n 阶导数 $f^{(n)}(x_0)$ 存在当且仅当对 $k=0,1,\cdots,n-1$ 函数 $f^{(k)}(x)$ 在 x_0 成立带有佩亚诺余项的 $n-k$ 阶泰勒公式.

例 6.3.1 求极限 $\lim\limits_{x\to0}\dfrac{\tan x\sin x-x^2}{x^4}$.

解 利用函数 $\tan x$ 与 $\sin x$ 在 $x=0$ 的四阶泰勒公式可知

$$\tan x=x+\frac{x^3}{3}+O(x^5),\quad \sin x=x-\frac{x^3}{3!}+O(x^5),$$

于是

$$\tan x\sin x=x^2+\frac{x^4}{6}+O(x^6).$$

从而可得

$$\lim_{x\to0}\frac{\tan x\sin x-x^2}{x^4}=\lim_{x\to0}\left[\frac{1}{6}+O(x^2)\right]=\frac{1}{6}.$$

例 6.3.2 证明 $\tan x\sin x>x^2,\ 0<|x|<\dfrac{\pi}{2}$.

证明 令 $f(x)=\tan x\sin x$, 则函数 f 在区间 $\left(-\dfrac{\pi}{2},\dfrac{\pi}{2}\right)$ 是为任意次可微的，其在点 $x=0$ 的二阶泰勒公式可写为

$$f(x)=f(0)+f'(0)x+\frac{f''(\theta x)}{2}x^2,\quad 0<\theta<1.$$

我们有

$$f'(x)=\sec^2x\sin x+\sin x,\quad f''(x)=2\sec x\tan^2x+\sec x+\cos x,$$

故当 $0<|x|<\dfrac{\pi}{2}$ 时,

$$f''(x)\geqslant2\sec x\tan^2x+2\sqrt{\sec x\cos x}>2,\quad f(x)=\frac{f''(\theta x)}{2}x^2>x^2.$$

即为所证.

例 6.3.3 设 $f(x)$ 在 $[a,b]$ 上存在连续的导数，且在 (a,b) 上存在二阶导数，又设 $x_0=\lambda a+(1-\lambda)b\in(a,b)$, 其中 $0<\lambda<1$, 则存在 $\xi,\tau\in(a,b)$ 使成立

(1) $f(a)+f(b)-2f(x_0)=f'(x_0)(2\lambda-1)(b-a)+\dfrac{1}{2}f''(\xi)(\lambda^2+(1-\lambda)^2)(b-a)^2$;

(2) $|f(b)-f(a)-f'(x_0)(b-a)|\leqslant\dfrac{1}{2}|f''(\tau)|(\lambda^2+(1-\lambda)^2)(b-a)^2$.

证明　对函数值 $f(a)$ 与 $f(b)$ 在点 x_0 分别应用二阶泰勒公式可得

$$f(a)=f(x_0)+f'(x_0)(a-x_0)+\frac{1}{2}f''(\xi_1)(a-x_0)^2,\quad a<\xi_1<x_0,$$

$$f(b)=f(x_0)+f'(x_0)(b-x_0)+\frac{1}{2}f''(\xi_2)(b-x_0)^2,\quad x_0<\xi_2<b.$$

由于 $x_0-a=(1-\lambda)(b-a)$, $b-x_0=\lambda(b-a)$, 上述两式分别相加、相减可得

$$f(a)+f(b)=2f(x_0)+f'(x_0)(2\lambda-1)(b-a)+\frac{1}{2}[f''(\xi_1)(1-\lambda)^2+f''(\xi_2)\lambda^2](b-a)^2,$$

$$f(b)-f(a)=f'(x_0)(b-a)+\frac{1}{2}[f''(\xi_2)\lambda^2-f''(\xi_1)(1-\lambda)^2](b-a)^2.$$

我们注意到量 $f''(\xi_1)(1-\lambda)^2+f''(\xi_2)\lambda^2$ 介于 $(\lambda^2+(1-\lambda)^2)\min\{f''(\xi_1),f''(\xi_2)\}$ 与 $(\lambda^2+(1-\lambda)^2)\max\{f''(\xi_1),f''(\xi_2)\}$ 之间，于是由导数的介值性可知存在 $\xi\in(\xi_1,\xi_2)$ 使

$$f''(\xi_1)(1-\lambda)^2+f''(\xi_2)\lambda^2=(\lambda^2+(1-\lambda)^2)f''(\xi).$$

又有

$$|f''(\xi_2)\lambda^2-f''(\xi_1)(1-\lambda)^2|\leqslant[\lambda^2+(1-\lambda)^2]\max\{|f''(\xi_1)|,|f''(\xi_2)|\}.$$

由以上诸式易知结论 (1) 与 (2) 成立.

关于上述例子，我们有几点说明. 如果取 $\lambda=\dfrac{1}{2}$, 则结论 (1) 成为

$$f(a)+f(b)-2f\left(\frac{a+b}{2}\right)=\frac{1}{4}f''(\xi)(b-a)^2,$$

这是在 6.2 节例 6.2.2 曾经证明过的式子，那里我们利用了柯西中值定理.

如果 x_0 满足 $f'(x_0)=0$, 则结论 (1) 与 (2) 分别成为

$$f(a)+f(b)-2f(x_0)=\frac{1}{2}f''(\xi)(\lambda^2+(1-\lambda)^2)(b-a)^2$$

与

$$|f(b)-f(a)|\leqslant\frac{1}{2}|f''(\tau)|(\lambda^2+(1-\lambda)^2)(b-a)^2.$$

进一步，如果取 $\lambda=\dfrac{1}{3}$, 此时条件 $f'(x_0)=0$ 成为 $f'\left(\dfrac{a+2b}{3}\right)=0$, 而上述两式又分别成为

$$f(a)+f(b)-2f\left(\frac{a+2b}{3}\right)=\frac{5}{18}f''(\xi)(b-a)^2$$

与

$$|f(b)-f(a)|\leqslant\frac{5}{18}|f''(\tau)|(b-a)^2.$$

如果 $f'\left(\frac{a+b}{2}\right)=0$, 则由结论 (2) 可得

$$|f(b)-f(a)|\leqslant\frac{1}{4}|f''(\tau)|(b-a)^2.$$

6.4 函数的极值与最值

6.4.1 基本问题

1. (极值第一充分条件) 如何利用一阶导数来判别函数的极大值和极小值?

2. (极值第二充分条件) 如何利用二阶导数来判别函数的极大值和极小值?

3. 上述两个充分条件有何联系?

4. 判别函数的极大值和极小值的第三充分条件是什么?

5. 如何求闭区间 $[a,b]$ 上连续函数 f 的最大值与最小值? 如果 f 的最大值 (或最小值) 在开区间 (a,b) 达到，它一定是极大值 (或极小值) 吗? 极大值点 (或极小值点) 只可能是稳定点 (又称驻点) 或不可导点，对吗?

6.4.2 要点讲解与注释

所谓极大值 (极小值) 就是某点邻域内的最大值 (最小值). 费马定理告诉我们，如果函数 f 在点 x_0 可导，则 f 在该点取得极值的必要条件是 $f'(x_0)=0$. 类似可证，如果 f 在点 x_0 左右可导，则 f 在该点取得极值的必要条件是

$$f'_+(x_0)f'_-(x_0)\leqslant 0.$$

下面是函数 f 在点 x_0 取得极值的三个充分条件，我们将它们列出来，并做简单分析.

极值第一充分条件 设 f 在 x_0 连续，且在 x_0 的某空心邻域内可导，如果当 $|x-x_0|>0$ 充分小时成立 $(x-x_0)f'(x)\geqslant 0(\leqslant 0)$, 则 f 在点 x_0 取得极小值 (极大值).

上述定理的条件保证了函数 f 在点 x_0 两侧分别是单调的，且单调性不同，教材中也是这样来证明的. 其实，我们也可以直接利用拉格朗日中值定理来直接证之. 此外，我们指出，上述定理的条件不能保证 $f'(x_0)$ 存在. 上述定理既然称作充分条件，这也意味着当其不满足时函数 f 在 x_0 仍可以取得极值. 例如

$$f(x)=\begin{cases}x^2\sin^2\dfrac{1}{x}, & x\neq 0,\\ 0, & x=0.\end{cases}$$

这一例子还表明，函数 f 在 x_0 取得极值时 f 在 x_0 的任意侧都可能不是单调的.

极值第二充分条件 设 f 在 x_0 的某邻域内可导，在点 x_0 二阶可导，且 $f'(x_0)=0$, $f''(x_0)\neq 0$, 则当 $f''(x_0)\geqslant 0(\leqslant 0)$, f 在点 x_0 取得极小值 (极大值).

上述定理直接利用二阶泰勒公式即可证明 (如教材所述的)，也可以利用 $f''(x_0)$ 的定义和极值的第一充分条件推得. 因此，极值第二充分条件可认为是极值第一充分条件的推论.

极值第三充分条件 设 f 在 x_0 的某邻域内 $n-1$ 阶可导，在点 x_0 处 n 阶可导，且 $f^{(j)}(x_0)=0$, $j=1,\cdots,n-1$, $f^{(n)}(x_0)\neq 0$, 则当 n 为偶数，且 $f^{(n)}(x_0)\geqslant 0(\leqslant 0)$, f 在点 x_0 取得极小值 (极大值); 当 n 为奇数时 f 在点 x_0 不取得极值.

上述三个定理是用来判定函数极值的常用工具，在实用中基本够用.

函数极值的一个重要应用是求连续函数的最大值与最小值. 设有连续函数 $f:[a,b]\to\mathbf{R}$，则该函数在区间 $[a,b]$ 上必有最大值 $\max\limits_{[a,b]} f(x)$ 与最小值 $\min\limits_{[a,b]} f(x)$. 下面的命题给出了最大值与最小值的求解方法.

命题 6.4.1 设函数 f 在区间 $[a,b]$ 连续, 则下列结论成立.

(1) 如果 f 在 (a,b) 内没有极值点，则

$$\max_{[a,b]} f(x)=\max\{f(a),f(b)\},\quad \min_{[a,b]} f(x)=\min\{f(a),f(b)\}.$$

(2) 如果 f 在 (a,b) 内只有有限个极值点，则

$$\max_{[a,b]} f(x)=\max\{f(a),f(b),\text{所有极值}\}=\max\{f(a),f(b),\text{所有极大值}\},$$

$$\min_{[a,b]} f(x)=\min\{f(a),f(b),\text{所有极值}\}=\min\{f(a),f(b),\text{所有极小值}\}.$$

(3) 如果 f 在 (a,b) 内只有一个极值点，记其为 x_0, 则当 $f(x_0)$ 为极大值时

$$\max_{[a,b]} f(x)=f(x_0),\quad \min_{[a,b]} f(x)=\min\{f(a),f(b)\};$$

当 $f(x_0)$ 为极小值时

$$\max_{[a,b]} f(x)=\max\{f(a),f(b)\},\quad \min_{[a,b]} f(x)=f(x_0).$$

证明 (1) 设 f 在 (a,b) 内没有极值点，由于类似性，只证 $\max\limits_{[a,b]} f(x)=\max\{f(a),f(b)\}$. 用反证法. 若此结论不成立，则由连续函数的最值定理，必存在 $x_0\in(a,b)$, 使 $f(x_0)=\max\limits_{[a,b]} f(x)>\max\{f(a),f(b)\}$, 由极大值定义即知 $f(x_0)$ 为 f 的极大值，这与假设矛盾.

(2) 只证第一式. 只需证明 $\max\limits_{[a,b]} f(x) = \max\{f(a), f(b), \text{所有极大值}\}$. 若 f 在 (a,b) 内没有极大值点，则由结论 (1) 的证明即知 $\max\limits_{[a,b]} f(x) = \max\{f(a), f(b)\}$; 若 f 在 (a,b) 内有极大值点，则可设 f 的所有极大值点为 $x_1, x_2, \cdots, x_k$. 要证

$$\max_{[a,b]} f(x) = \max\{f(a), f(b), f(x_1), \cdots, f(x_k)\}.$$

如此式不成立，则同上存在 $x_0 \in (a,b)$, 使

$$f(x_0) = \max_{[a,b]} f(x) > \max\{f(a), f(b), f(x_1), \cdots, f(x_k)\}.$$

此式表明 $f(x_0)$ 为 f 的极大值，且不同于 $f(x_1), \cdots, f(x_k)$, 这与 $f(x_1), \cdots, f(x_k)$ 为所有的极大值之假设矛盾.

(3) 设 f 在 (a,b) 内只有一个极值点 x_0, 不失一般性，可设 $f(x_0)$ 为极大值. 首先由结论 (1) 的证明知 $\min\limits_{[a,b]} f(x) = \min\{f(a), f(b)\}$. 其次，由结论 (2) 只需证 $f(x_0) \geqslant \max\{f(a), f(b)\}$. 若此式不成立，不妨设 $f(x_0) < f(a)$, 由极大值的唯一性知当 x 位于 x_0 之左且充分靠近 x_0 时必有 $f(x) < f(x_0)$. 故 f 在闭区间 $[a, x_0]$ 上的最小值必在 (a, x_0) 内达到，从而这一最小值必是极小值，这与极值点的唯一性矛盾. 至此命题得证.

例 6.4.1 设函数 f 在点 x_0 的一邻域内可导，又在其某空心邻域内存在二阶导数，且 $f'(x_0) = 0$, $f''(x)$ 常号，则 f 在点 x_0 取得极值，并且当 $|x - x_0|$ 充分小时 $(x - x_0)f'(x)$ 也是常号的.

证明 首先由命题 6.1.4 与例 6.1.1 知 $f'(x)$ 在 x_0 连续. 由拉格朗日中值定理知，当 $|x - x_0| > 0$ 充分小时 $f'(x) = f''(x_0 + \theta(x - x_0))(x - x_0)$, 其中 $0 < \theta < 1$. 由此即得结论成立.

上述例子中条件与极值第二充分条件是有区别的，因为上述例子不要求 $f''(x_0)$ 存在.

例 6.4.2 试求函数 $f(x) = x^4(x-1)^3$ 在区间 $\left[-\dfrac{1}{7}, 2\right]$ 上的最大值与最小值.

解 我们有 $f'(x) = x^3(x-1)^2(7x-4)$. 因此函数 f 的稳定点是 $x = 0, 1, \dfrac{4}{7}$. 由于当 $|x - 1| > 0$ 充分小时 $f'(x) > 0$, 这表明 f 在 $x = 1$ 附近是严格增加的，因此 $x = 1$ 不是极值点 (这一结论也可利用极值的第三充分条件获得). 进一步由极值的第一充分条件知，$f(0) = 0$ 为极大值，而 $f\left(\dfrac{4}{7}\right) = -\dfrac{4^4 \cdot 3^3}{7^7}$ 为极小值. 又易知 $f\left(-\dfrac{1}{7}\right) = -\dfrac{8^3}{7^7}$, $f(2) = 16$. 于是由命题 6.4.1 知 f 在区间 $\left[-\dfrac{1}{7}, 2\right]$ 上的最大值与最小值分别是 16 与 $-\dfrac{4^4 \cdot 3^3}{7^7}$.

例 6.4.3 证明不等式

$$\tan x\sin^2 x > x^3,\quad 0 < x < \frac{\pi}{2}.$$

证明 首先, 易知成立

$$\tan x = x + \frac{x^3}{3} + \frac{2}{15}x^5 + O(x^7),\quad \sin x = x - \frac{x^3}{3!} + \frac{1}{5!}x^5 + O(x^7),$$

由此可得

$$\tan x\sin^2 x = x^3 + \frac{1}{15}x^7 + O(x^9).$$

于是可知, 当 $0 < x \ll 1$ 时必成立

$$f(x) \equiv \tan x\sin^2 x - x^3 > 0,\quad f'(x) = \tan^2 x + 2\sin^2 x - 3x^2 > 0.$$

要证对一切 $0 < x < \dfrac{\pi}{2}$ 成立 $f(x) > 0$. 用反证法. 如果这一不等式不成立，则 f 在区间 $\left(0, \dfrac{\pi}{2}\right)$ 必有根，设其最小根为 x_0, 则 f 在区间 $(0, x_0)$ 内必有极大值点，记为 x_1, 且成立

$$f'(x_1) = 0,\quad f(x_1) > 0.$$

另一方面，由 $f'(x_1) = 0$ 知 $x_1^2 = \dfrac{1}{3}(\tan^2 x_1 + 2\sin^2 x_1)$, 于是

$$f(x_1) = \tan x_1\sin^2 x_1 - \frac{x_1(\tan^2 x_1 + 2\sin^2 x_1)}{3} = -\frac{\tan^2 x_1}{3}g(x_1),$$

其中 $g(x) = (2\cos^2 x + 1)x - 3\sin x\cos x$. 易见，如果我们能证明 $g(x_1) > 0$, 则就有 $f(x_1) < 0$, 这与 $f(x_1) > 0$ 矛盾. 为了得到 $g(x_1) > 0$，只需证明对一切 $0 < x < \dfrac{\pi}{2}$ 均有 $g(x) > 0$. 而这一结论可由 $g(0) = 0$ 及 $g'(x) = 4\sin x\cos x(\tan x - x) > 0$(因为 $\tan x > x$) 即知.

上例中的不等式有多种证法，此处我们给出了一种新的证明，未必是最简单的，但其思路是具有一般性的. 读者可细心体会.

6.5 函数的凸性与拐点

6.5.1 基本问题

1. 区间上的凸函数和凹函数是如何定义的，其几何特征是什么？函数为凸的充要条件是什么？

2. 可导函数为凸的等价条件是什么，其几何特征是什么？

3. 二次可导函数为凸的充要条件是什么？

4. 区间上的凸函数和凹函数在区间内部的连续性与左右导数如何?
5. 如何理解詹森 (Jensen) 不等式?
6. 什么是拐点? 如何寻求拐点?

6.5.2 要点讲解与注释

定义于区间 I 的函数 f 称为凸函数，如果 $\forall\ x_1, x_2 \in I$, $\forall\ \lambda \in (0,1)$, 都成立

$$f(\lambda x_1 + (1-\lambda)x_2) \leqslant \lambda f(x_1) + (1-\lambda)f(x_2).$$

如果上式中 "$\leqslant$" 换为 "$<$", 就称 f 为严格凸函数. 如果 "$\leqslant$" 改为 "$\geqslant$", 则称 f 为凹函数. 等价地，我们也可以这样定义凹函数：称函数 f 为凹函数 (严格凹函数), 如果 $-f$ 是凸函数 (严格凸函数). 于是，我们只需研究凸函数就够了.

凸函数定义中出现的条件有明显的几何意义，即函数曲线上任意两点之间的线段都位于曲线之上方.

凸函数有一个等价条件，即 $f\colon\ I \to \mathbf{R}$ 为凸的当且仅当对满足 $x_1 < x_2 < x_3$ 的任意三点 $x_1, x_2, x_3 \in I$, 都有

$$\frac{f(x_2)-f(x_1)}{x_2-x_1} \leqslant \frac{f(x_3)-f(x_2)}{x_3-x_2}.$$

又易见上式成立当且仅当下式成立:

$$\frac{f(x_2)-f(x_1)}{x_2-x_1} \leqslant \frac{f(x_3)-f(x_1)}{x_3-x_1} \leqslant \frac{f(x_3)-f(x_2)}{x_3-x_2}.$$

以上两式也有明显的几何意义，例如，第一式是说曲线上从左到右任取三点所成的两弦，其斜率是递增的.

凸函数的另一等价条件由下列命题给出.

命题 6.5.1 函数 $f\colon\ I \to \mathbf{R}$ 为凸的当且仅当对任意 $x_0 \in I$, 函数

$$\varphi(x; x_0) = \frac{f(x)-f(x_0)}{x-x_0}$$

关于 x 在 $I-\{x_0\}$ 上是单调增加函数.

证明 我们这里给出一个独立的新证明. 先设 f 为凸函数，欲证对任意 $x_0 \in I$ 函数 $\varphi(x;x_0)$(简记为 $\varphi(x)$) 关于 x 为增函数. 任取 $x_1, x_2 \in I-\{x_0\}$, 可设 $x_1 < x_2$, 则有以下三种可能: ① $x_1 < x_2 < x_0$; ② $x_0 < x_1 < x_2$; ③ $x_1 < x_0 < x_2$. 今以第一种情况为例证之. 取 $\lambda = \dfrac{x_0-x_2}{x_0-x_1}$, 则 $x_2 = \lambda x_1 + (1-\lambda)x_0$. 由 f 为凸可知

$$\begin{aligned} f(x_2) &\leqslant \lambda f(x_1) + (1-\lambda)f(x_0) \\ &= \frac{x_0-x_2}{x_0-x_1}f(x_1) + \frac{x_2-x_1}{x_0-x_1}f(x_0). \end{aligned}$$

由此即得

$$(x_2-x_0)(f(x_1)-f(x_0))\leqslant(x_1-x_0)(f(x_2)-f(x_0)),$$

即有 $\varphi(x_1)\leqslant\varphi(x_2)$.

反之，设对每个 $x_0\in I$, 函数 φ 在 $I-\{x_0\}$ 上为增函数，要证 f 是凸函数. 任取 $x_1<x_2$, 取 $x_0=x_2$, 则相应的函数 φ 是增函数，从而对任一 $x^*\in(x_1,x_2)$, $x^*=\lambda x_1+(1-\lambda)x_2\left(\text{其中 }\lambda=\dfrac{x_2-x^*}{x_2-x_1}\right)$, 都有 $\varphi(x_1)\leqslant\varphi(x^*)$, 注意到 $x_2=x_0$, 可知成立

$$f(x^*)\leqslant\lambda f(x_1)+(1-\lambda)f(x_2).$$

即为所证.

进一步，不难证明以下三点等价.

(1) 对任意 $x_0\in I$, 函数 $\varphi(x;x_0)$ 关于 x 在 $I-\{x_0\}$ 上是单调增加函数;

(2) 对任意 $x_0\in I$, 函数 $\varphi(x;x_0)$ 关于 x 对一切 $x\in I$, $x<x_0$ 是单调增加函数;

(3) 对任意 $x_0\in I$, 函数 $\varphi(x;x_0)$ 关于 x 对一切 $x\in I$, $x>x_0$ 是单调增加函数.

易见有下述推论：若 $f:I\to\mathbf{R}$ 为凸函数，则它在 I 的任一内点处存在左右导数，从而它在 I 的内部是处处连续的.

利用命题 6.5.1，可以更加简便地利用一阶导数与二阶导数来判断函数的凹凸性. 于是，我们又有下述判定条件：

定义于区间 I 上的可微函数 f 为凸函数

$\Leftrightarrow f'$ 在 I上单调增

$\Leftrightarrow\ \forall\, x,x_0\in I,\ x\neq x_0$, 成立 $f(x)\geqslant f(x_0)+f'(x_0)(x-x_0)$.

区间 I 上的凸函数 f 还有下述性质：对任意 $x_i\in I$, $\lambda_i>0$, $i=1,\cdots,n$, 且 $\sum\limits_{i=1}^{n}\lambda_i=1$, 成立

$$f\left(\sum_{i=1}^{n}\lambda_i x_i\right)\leqslant\sum_{i=1}^{n}\lambda_i f(x_i).$$

我们称这一不等式为詹森不等式，它可用归纳法证之. 我们现在分析一下如何想到这一不等式，又如何想到用归纳法来证明. 首先，由凸函数的性质，对任意两点 $x_1,x_2\in I$, 以及 $0<\lambda_1<1$, 我们有

$$f(\lambda_1x_1+(1-\lambda_1)x_2)\leqslant\lambda_1f(x_1)+(1-\lambda_1)f(x_2),$$

如果 x_2 可以表示为 $x_2=\mu\bar{x}_1+(1-\mu)\bar{x}_2$, 其中 $0<\mu<1$, $\bar{x}_1,\bar{x}_2\in I$, 那么又成立

$$f(x_2)\leqslant\mu f(\bar{x}_1)+(1-\mu)f(\bar{x}_2).$$

由以上两个不等式可得

$$f(\lambda_1 x_1+\bar{\lambda}_1\bar{x}_1+\bar{\lambda}_2\bar{x}_2)\leqslant\lambda_1 f(x_1)+\bar{\lambda}_1 f(\bar{x}_1)+\bar{\lambda}_2 f(\bar{x}_2),$$

其中 $\lambda_1+\bar{\lambda}_1+\bar{\lambda}_2=1$. 由此可得启示来给出 $n=3$ 时的詹森不等式. 但要真正证明 $n=3$ 时的詹森不等式，还需要证实这一过程具有可逆性，事实上也是如此. 也就是说，对任意 $x_i\in I$, $\lambda_i>0$, $i=1,2,3$, 且 $\sum\limits_{i=1}^{3}\lambda_i=1$, 则

$$\sum_{i=1}^{3}\lambda_i x_i=\lambda_3 x_3+(1-\lambda_3)\bar{x},\quad \bar{x}=\frac{\lambda_1}{1-\lambda_3}x_1+\frac{\lambda_2}{1-\lambda_3}x_2.$$

于是

$$f\left(\sum_{i=1}^{3}\lambda_i x_i\right)=f(\lambda_3 x_3+(1-\lambda_3)\bar{x})\leqslant\lambda_3 f(x_3)+(1-\lambda_3)f(\bar{x}),$$

其中

$$f(\bar{x})\leqslant\frac{\lambda_1}{1-\lambda_3}f(x_1)+\frac{\lambda_2}{1-\lambda_3}f(x_2).$$

这就证明了 $n=3$ 时的詹森不等式. 将上述思路重复下去，就不难得到詹森不等式了.

现设有 $f\colon I\to\mathbf{R}$，又设 I_1 与 I_2 为 I 的两个不交的且有一个公共端点 x_0 的子区间，如果 f 在 I_1 上是凸的，而在 I_2 上是凹的，或 f 在 I_1 上是凹的，而在 I_2 上是凸的，则称点 $(x_0,f(x_0))$ 为 f 的拐点.

注意上述拐点的说法比文献 [1] 中的条件要弱些 (按照文献 [1] 中的定义，如果曲线 $y=f(x)$ 在点 $(x_0,f(x_0))$ 处有穿过曲线的切线，且在切点近旁，曲线在切线的两侧分别是严格凸和严格凹的，这时称点 $(x_0,f(x_0))$ 为曲线 $y=f(x)$ 的拐点)，请读者思考一下弱在哪里.

于是，我们有下列结论.

(1) 如果 f 为定义于一区间 I 上的二次可微函数，则 f 在 I 上是凸的当且仅当 $f''(x)\geqslant 0$, $x\in I$.

(2) 如果 f 为定义于一区间 I 上的二次可微函数，则 I 的一内点 x_0 为拐点的必要条件是 $f''(x_0)=0$, 充分条件是对充分小的 $|x-x_0|>0$ 量 $(x-x_0)f''(x_0)$ 保持常号.

例 6.5.1 设有凸函数 $f\colon I\to\mathbf{R}$，其中 I 为一区间，试利用凸函数定义证明 f 在 I 的内部处处连续，但在其端点处未必连续.

证明 设 x_0 为 I 的任一内点，则存在 $x_1,x_2\in I$ 使有 $x_1<x_0<x_2$. 对 $x\in(x_0,x_2)$, 由 f 的凸性知

$$f(x_0)\leqslant\lambda f(x_1)+(1-\lambda)f(x),\quad \lambda=\frac{x-x_0}{x-x_1},$$

同理又有

$$f(x) \leqslant \mu f(x_0) + (1-\mu) f(x_2), \quad \mu = \frac{x_2 - x}{x_2 - x_0}.$$

由上述两式即知

$$\frac{1}{1-\lambda}(f(x_0) - \lambda f(x_1)) \leqslant f(x) \leqslant \mu f(x_0) + (1-\mu) f(x_2).$$

令 $x \to x_0+$, 则有 $\lambda \to 0, \mu \to 1$, 于是由上式及两边夹定理可知成立 $\lim\limits_{x \to x_0+} f(x) = f(x_0)$. 这表明 f 在点 x_0 是右连续的. 同理可证 f 在点 x_0 也是左连续的. 从而由 x_0 的任意性可知 f 在 I 的内部处处连续.

进一步可举例说明凸函数在其定义区间的端点处未必是连续的. 例如，下式给出的凸函数 f: $[-1,1] \to \mathbf{R}$ 在端点 $x = \pm 1$ 处是不连续的.

$$f(x) = \begin{cases} x^2, & -1 < x < 1, \\ 2, & x = \pm 1. \end{cases}$$

我们指出，在以上所有关于凸函数的判定准则中，将不等式改为严格不等式，就得到严格凸函数的判定准则.

例 6.5.2 设 f 为定义于区间 I 上的可微函数，试证明如果对任意 $x_1, x_2 \in I$ 有

$$f\left(\frac{x_1 + x_2}{2}\right) \leqslant \frac{f(x_1) + f(x_2)}{2},$$

则 f 是凸函数.

证明 设 $x_1, x_2 \in I$，$x_1 \neq x_2$，令 $x_{10} = x_2$，$x_{1n} = \dfrac{x_1 + x_{1,n-1}}{2}$，$n \geqslant 1$. 易见，$x_{11}$ 是以 x_1, x_2 为端点的区间之中点，x_{12} 是以 x_1, x_{11} 为端点的区间之中点，一般地，x_{1n} 是以 $x_1, x_{1,n-1}$ 为端点的区间之中点. 而且，易求得

$$\begin{aligned} x_{1n} &= \frac{1}{2}\left(x_1 + \frac{1}{2}(x_1 + x_{1,n-2})\right) \\ &= \left(\frac{1}{2} + \cdots + \frac{1}{2^n}\right) x_1 + \frac{1}{2^n} x_{10} = \left(1 - \frac{1}{2^n}\right) x_1 + \frac{1}{2^n} x_2, \end{aligned}$$

即 $x_{1n} - x_1 = (x_2 - x_1)/2^n$. 根据所做假设，可知成立

$$f(x_{11}) \leqslant \frac{1}{2}(f(x_1) + f(x_{10})),$$

$$f(x_{12}) \leqslant \frac{1}{2}(f(x_1) + f(x_{11})),$$

$$\cdots\cdots$$

$$f(x_{1n}) \leqslant \frac{1}{2}(f(x_1) + f(x_{1,n-1})).$$

由以上诸式可得

$$f(x_{1n}) \leqslant \left(\frac{1}{2}+\cdots+\frac{1}{2^n}\right)f(x_1)+\frac{1}{2^n}f(x_{10})=\left(1-\frac{1}{2^n}\right)f(x_1)+\frac{1}{2^n}f(x_2).$$

因此

$$\frac{f(x_{1n})-f(x_1)}{|x_{1n}-x_1|}\leqslant\frac{1}{2^n}\frac{f(x_2)-f(x_1)}{|x_{1n}-x_1|}=\frac{f(x_2)-f(x_1)}{|x_2-x_1|}.$$

注意到 $|x_{1n}-x_1|=(x_{1n}-x_1)\mathrm{sgn}(x_2-x_1)$, 对上式令 $n\to\infty$ 取极限可得

$$f'(x_1)\mathrm{sgn}(x_2-x_1)\leqslant\frac{f(x_2)-f(x_1)}{|x_2-x_1|}$$

或

$$f'(x_1)(x_2-x_1)+f(x_1)\leqslant f(x_2),$$

故由可导函数凸性判别法知 f 为凸函数.

例 6.5.3 证明 $2\sin x+\tan x>3x,\ 2\cos x+\dfrac{1}{\cos^2 x}>3,\ 0<x<\dfrac{\pi}{2}$.

证明 令 $f(x)=2\sin x+\tan x-3x$, 则易知

$$f'(x)=2\cos x+(\cos x)^{-2}-3,\quad f''(x)=-2\sin x+\frac{2\sin x}{\cos^3 x}.$$

由于在区间 $\left(0,\dfrac{\pi}{2}\right)$ 上有 $f''(x)>0$, 故函数 f 在该区间上为严格凸函数，从而对任意 $x\in\left(0,\dfrac{\pi}{2}\right)$ 必有

$$f(x)>f(0)+f'(0)x,\quad f'(x)>f'(0).$$

由此即得所要证的不等式.

6.6 函数的图像

6.6.1 基本问题

1. 作函数图像的一般程序是什么？
2. 作函数图像主要讨论函数的哪些性质？
3. 复习渐近线的定义及其求法.

6.6.2 要点讲解与注释

函数作图的一般程序是这样的，即先考察函数的定义区间、奇偶性与周期性，再考虑函数的一些特殊点，包括不连续点、不可导点，以及与坐标轴之交点等; 之后，也是关键部分，利用函数导数的符号确定函数的单调区间、极值点、凹凸性、拐点、渐近线等. 综合这些信息就不难绘出函数图像了.

6.7 第 6 章测试题与提示

6.7.1 测试题

1. 设有可导函数 $f,\ g:[0,+\infty)\to\mathbf{R}$, 如果 $\lim\limits_{x\to+\infty}\dfrac{f'(x)}{g'(x)}=A$, 则

$$\lim_{x\to+\infty}\frac{f(x+1)-f(x)}{g(x+1)-g(x)}=A.$$

特别地，如果 $\lim\limits_{x\to+\infty}f'(x)=A$，则 $\lim\limits_{x\to+\infty}(f(x+1)-f(x))=A$.

2. 求下列极限.

(1) $\lim\limits_{x\to0^+}\sin x\ln x$; (2) $\lim\limits_{x\to0^+}x^{\sin x}$.

3. 设 $f(0)=0$, 且 $f'(0)$ 存在，则对任何正数 $\alpha>0$ 必有 $\lim\limits_{x\to0+}x^{|f(x)|^\alpha}=1$.

4. 设 f 为 n 阶可导函数, 若方程 $f(x)=0$ 有 $n+1$ 个相异的实根, 则方程 $f^{(n)}(x)=0$ 至少有一个实根.

5. 应用拉格朗日中值定理证明不等式 $\dfrac{h}{1+h^2}<\arctan h<h$ 成立, 其中 $h>0$.

6. 设 f 在 $[a,b]$ 上可导, 证明: 存在 $\xi\in(a,b)$, 使得

$$2\xi[f(b)-f(a)]=(b^2-a^2)f'(\xi).$$

7. 设 $h>0$, 函数 f 在区间 $[a,a+h]$ 上具有 $n+2$ 阶连续导数，且 $f^{(n+2)}(a)\neq0$, 由泰勒公式知成立

$$f(a+h)=f(a)+f'(a)h+\cdots+\frac{f^{(n)}(a)}{n!}h^n+\frac{f^{(n+1)}(a+\theta h)}{(n+1)!}h^{n+1},$$

其中 $0<\theta<1$. 证明 $\lim\limits_{h\to0^+}\theta=\dfrac{1}{n+2}$.

8. 设 $h>0$, 函数 f 在区间 $[a,a+h]$ 上具有 $n+3$ 阶连续导数，且 $f^{(n+2)}(a)=0$, $f^{(n+3)}(a)\neq0$, 由泰勒公式知成立

$$f(a+h)=f(a)+f'(a)h+\cdots+\frac{f^{(n)}(a)}{n!}h^n+\frac{f^{(n+1)}(a+\theta h)}{(n+1)!}h^{n+1},$$

其中 $0<\theta<1$. 证明 $\lim\limits_{h\to0^+}\theta=\dfrac{1}{\sqrt{n+3}}$.

9. 证明定义于区间 I 上的凸函数 f 在其任一内闭区间 $[a,b](\subset I)$ 上是利普希茨 (Lipschitz) 连续的, 即存在 $L\geqslant0$, 使对一切 $x,y\in[a,b]$ 成立 $|f(x)-f(y)|\leqslant L|x-y|$.

10. 证明伯努利不等式：若 $0<\alpha<1$, 则 $(1+x)^\alpha \leqslant 1+\alpha x,\ \ x>-1$. 若 $\alpha>1$, 则 $(1+x)^\alpha \geqslant 1+\alpha x,\ \ x>-1$.

11. 设 $f(x)$ 在区间 I 上连续，并且在 I 上仅有唯一的极值点 x_0. 证明: 若 x_0 是 f 的极大 (小) 值点, 则 x_0 是 f 在 I 上的最大 (小) 值点.

12. 若函数 f 在点 x_0 处左右可导，且 $f'_+(x_0)<0(>0), f'_-(x_0)>0(<0)$, 则 x_0 是 f 的极大 (小) 值点.

13. 设 $f(x)=a\ln x+bx^2+x$ 在 $x_1=1, x_2=2$ 处都取得极值, 试求 a 与 b; 并明确 f 在 x_1 与 x_2 是取得极大值还是极小值.

14. 若 $f(x), g(x)$ 均为区间 I 上的凸函数，则 $F(x)=\max\{f(x), g(x)\}$ 也是 I 上的凸函数.

15. 设 $f(x)$ 在 $[a,b]$ 上三阶可导，证明存在 $\xi\in[a,b]$, 使得

$$f(b)=f(a)+\frac{1}{2}(b-a)[f'(a)+f'(b)]-\frac{1}{12}(b-a)^3 f'''(\xi).$$

6.7.2 提示

1. 利用柯西中值定理即得.

2. (1)

$$\begin{aligned}\lim_{x\to0^+}\sin x\ln x &= \lim_{x\to0^+}\frac{\ln x}{\csc x}=\lim_{x\to0^+}\frac{\frac{1}{x}}{-\csc x\cot x}\\ &=\lim_{x\to0^+}\left(-\frac{\sin x}{x}\right)\tan x=0.\end{aligned}$$

(2) 由上题结果可得

$$\lim_{x\to0^+}x^{\sin x}=\lim_{x\to0^+}\mathrm{e}^{\sin x\ln x}=1.$$

3.

$$\begin{aligned}\lim_{x\to0^+}x^{|f(x)|^\alpha} &= \mathrm{e}^{\lim\limits_{x\to0^+}\left|\frac{f(x)}{x}\right|^\alpha|x|^\alpha\ln x}\\ &=\mathrm{e}^{|f'(0)|^\alpha\lim\limits_{x\to0^+}|x|^\alpha\ln x}=1.\end{aligned}$$

4. n 次利用罗尔中值定理. 设方程 $f(x)=0$ 的 $n+1$ 个相异实根为 $x_1<x_2<x_3<\cdots<x_{n+1}$. 对 $f(x)$ 在每个区间 $[x_k, x_{k+1}](k=1,2,\cdots,n)$ 上应用罗尔中值定理可得, 存在 $\xi_{1k}\in(x_k, x_k+1)$ 使 $f'(\xi_{1k})=0(k=1,2,\cdots,n)$. 即 $f'(x)=0$ 至少有 n 个相异实根. 再对 $f'(x)$ 在 $n-1$ 个区间 $[\xi_{1k},\xi_{1,k+1}]$ 上应用罗尔中值定理, 存在 $\xi_{2k}\in(\xi_{1k},\xi_{1,k+1})$ 使 $f''(\xi_{2k})=0(k=1,2,\cdots,n-1)$. 即 $f''(x)=0$ 至少有 $n-1$ 个相异实根. 以此类推可知 $f^{(n)}(x)=0$ 至少有一个实根.

5. 对函数 $f(x)=\arctan x$ 在 $[0,h]$ 上应用拉格朗日中值定理, 则存在 $\xi\in[0,h]$ 使得

$$\arctan h=\arctan h-\arctan 0=\frac{1}{1+\xi^2}\cdot h.$$

又 $0<\xi<h$, 得 $\dfrac{h}{1+h^2}<\dfrac{h}{1+\xi^2}<h$, 即

$$\frac{h}{1+h^2}<\arctan h<h.$$

6. 此题有两个证法. 一是取 $g(x)=x^2$, 利用柯西中值定理. 另一方法是令

$$F(x)=x^2[f(b)-f(a)]-(b^2-a^2)f(x),$$

则 $F(x)$ 在 $[a,b]$ 上可导，且 $F(a)=a^2f(b)-b^2f(a)=F(b)$, 故由罗尔中值定理得, 存在 $\xi\in(a,b)$, 使 $F'(\xi)=0$, 即

$$2\xi[f(b)-f(a)]=(b^2-a^2)f'(\xi).$$

7. 利用泰勒公式，可知

$$f(a+h)=f(a)+f'(a)h+\cdots+\frac{f^{(n)}(a)}{n!}h^n+\frac{f^{(n+1)}(a+\theta h)}{(n+1)!}h^{n+1},$$

$$f(a+h)=f(a)+f'(a)h+\cdots+\frac{f^{(n+1)}(a)}{(n+1)!}h^{n+1}+\frac{f^{(n+2)}(a+\eta h)}{(n+2)!}h^{n+2},$$

其中 $0<\theta<1, 0<\eta<1$. 比较以上两式可得

$$f^{(n+1)}(a+\theta h)=f^{(n+1)}(a)+\frac{f^{(n+2)}(a+\eta h)}{n+2}h.$$

另一方面，对函数 $f^{(n+1)}(x)$ 在区间 $[a,a+\theta h]$ 上应用拉格朗日中值定理可得

$$f^{(n+1)}(a+\theta h)=f^{(n+1)}(a)+f^{(n+2)}(a+\bar\theta\theta h)\theta h,\quad 0<\bar\theta<1,$$

于是

$$f^{(n+2)}(a+\bar\theta\theta h)\theta=\frac{f^{(n+2)}(a+\eta h)}{n+2},$$

由上式并利用所设条件即得 $\lim\limits_{h\to0^+}\theta=\dfrac{1}{n+2}$.

8. 与上题类似.

9. 取 $a_1,b_1\in I$ 满足 $a_1<a<b<b_1$. 任取 $x,y\in[a,b]$, $x<y$, 由凸函数的充要条件可知成立

$$\frac{f(a_1)-f(a)}{a_1-a}\leqslant\frac{f(x)-f(y)}{x-y}\leqslant\frac{f(b)-f(b_1)}{b-b_1}.$$

于是，取

$$L=\max\left\{-\frac{f(a_1)-f(a)}{a_1-a},\ \frac{f(b)-f(b_1)}{b-b_1}\right\},$$

则必有 $L\geqslant 0$, 且 $|f(x)-f(y)|\leqslant L|x-y|$.

10. 参考例 6.5.3.

11. 以最大值的情形为例证之. 用反证法. 若 x_0 不是 f 在 I 上的最大值点, 则至少存在一点 $x_1\in I$, 使得 $f(x_1)>f(x_0)$. 不妨设 $x_0<x_1$, 由于 $f(x)$ 在 I 上连续, $[x_0,x_1]\subset I$, 故 $f(x)$ 在 I 上存在最小值 m.

又因 $f(x_1)>f(x_0)$, 而 x_0 为 $f(x)$ 唯一的极大值点, 故存在 $x_2\in(x_0,x_1)$, 使 $f(x_2)=m$. 令 $\delta=\min\{x_2-x_0,x_1-x_2\}$, 那么当 $x\in U(x_2,\delta)$ 时有 $f(x)\geqslant m=f(x_2)$. 即 x_2 为 f 的一个极小值点, 这与已知条件矛盾.

12. 以 $f'_+(x_0)<0, f'_-(x_0)>0$ 的情形证之. 由

$$f'_+(x_0)=\lim_{x\to x_0^+}\frac{f(x)-f(x_0)}{x-x_0}<0$$

及极限保号性, 存在 $\delta_1>0$, 使得当 $x\in(x_0,x_0+\delta_1)$ 时有

$$\frac{f(x)-f(x_0)}{x-x_0}<0.$$

因此当 $0<x-x_0<\delta_1$ 时 $f(x)<f(x_0)$.

由 $f'_-(x_0)=\lim\limits_{x\to x_0^-}\dfrac{f(x)-f(x_0)}{x-x_0}>0$, 存在 $\delta_2>0$, 使得当 $x\in(x_0-\delta_2,x_0)$ 时有

$$\frac{f(x)-f(x_0)}{x-x_0}>0.$$

因此当 $-\delta_2<x-x_0<0$ 时 $f(x)<f(x_0)$.

令 $\delta=\min\{\delta_1,\delta_2\}$, 那么当 $x\in U(x_0,\delta)$ 时恒有 $f(x)\leqslant f(x_0)$. 故 x_0 是 f 的极大值点.

13. 我们有 $f'(x)=\dfrac{a}{x}+2bx+1$. 因 $f(x)$ 在 $x_1=1,x_2=2$ 处取得极值, 故有 $f'(1)=f'(2)=0$. 即 $a+2b+1=0$，$\dfrac{a}{2}+4b+1=0$. 由此可解得 $a=-\dfrac{2}{3},b=-\dfrac{1}{6}$.

又$f''(x)=-\dfrac{a}{x^2}+2b=\dfrac{2}{3x^2}-\dfrac{1}{3}$, $f''(1)=\dfrac{1}{3}>0$, $f''(2)=-\dfrac{1}{6}<0$, 故 $f(x)$ 在 $x_1=1$ 与 $x_2=2$ 处分别取得极小值与极大值.

14. 对任意的 $x_1, x_2 \in I$, 任意 $\lambda \in (0,1)$, 由于 $f(x)$ 为区间 I 上的凸函数，故有

$$f(\lambda x_1 + (1-\lambda)x_2) \leqslant \lambda f(x_1) + (1-\lambda)f(x_2).$$

由 $F(x)$ 的定义知 $f(x_1) \leqslant F(x_1), f(x_2) \leqslant F(x_2)$, 故

$$f(\lambda x_1 + (1-\lambda)x_2) \leqslant \lambda F(x_1) + (1-\lambda)F(x_2).$$

同理有

$$g(\lambda x_1 + (1-\lambda)x_2) \leqslant \lambda F(x_1) + (1-\lambda)F(x_2).$$

从而

$$\max\{f(\lambda x_1 + (1-\lambda)x_2), g(\lambda x_1 + (1-\lambda)x_2)\} \leqslant \lambda F(x_1) + (1-\lambda)F(x_2).$$

即 $F(\lambda x_1 + (1-\lambda)x_2) \leqslant \lambda F(x_1) + (1-\lambda)F(x_2)$. 由定义即知 $F(x)$ 是 I 上的凸函数.

15. 引入如下两个函数：

$$F(x) = f(x) - f(a) - \frac{1}{2}(x-a)[f'(a) + f'(x)],\ G(x) = (x-a)^3.$$

则 $F(a) = F'(a) = 0, G(a) = G'(a) = 0$，且 F, G 在 $[a,b]$ 上满足柯西定理条件，故存在 $\xi_1 \in (a,b)$, 使

$$\frac{F(b)}{G(b)} = \frac{F'(\xi_1)}{G'(\xi_1)} = \frac{F'(\xi_1) - F'(a)}{G'(\xi_1) - G'(a)}.$$

又因为 F', G' 在 $[a, \xi_1]$ 上仍满足柯西定理条件，故存在 $\xi \in (a, \xi_1) \subset (a,b)$, 使

$$\frac{F(b)}{G(b)} = \frac{F'(\xi_1) - F'(a)}{G'(\xi_1) - G'(a)} = \frac{F''(\xi)}{G''(\xi)}.$$

而 $F''(\xi) = -\frac{1}{2}(\xi - a)f'''(\xi), G''(\xi) = 6(\xi - a)$, 代入上式，整理即得

$$f(b) = f(a) + \frac{1}{2}(b-a)[f'(a) + f'(b)] - \frac{1}{12}(b-a)^3 f'''(\xi).$$

第 7 章 实数的完备性

7.1 关于实数集完备性的基本定理

7.1.1 基本问题

1. 区间套定理是怎么叙述的，其证明用到哪个定理？

2. 如何应用区间套定理证明根存在定理与数列的柯西收敛准则？

3. 集合的聚点是如何定义的？它有哪些等价说法？

4. 魏尔斯特拉斯聚点定理是怎么叙述的，其证明用到哪个定理？

5. Heine-Borel 有限覆盖定理是怎么说的？请思考其证明.

6. 有关实数完备性的六个基本定理 (实为七个)，各是什么定理？它们之中任意两个都是等价的吗？

7.1.2 要点讲解与注释

在第 1 章 (实数集与函数) 我们学过**确界原理**，即任一非空有上界 (下界) 的集合必有上确界 (下确界)，在第 2 章 (数列极限)，我们利用确界原理证明了**单调有界定理**，即任一 (实的) 单调数列必有极限. 进一步，我们利用单调有界定理证明了**致密性定理**，即任何有界数列必有收敛子列，又利用致密性定理证明了**柯西收敛准则**，即数列 $\{a_n\}$ 收敛的充要条件是: $\forall\ \varepsilon > 0$, 必存在正整数 N 使当 $n, m \geqslant N$ 时成立 $|a_n - a_m| < \varepsilon$. 上述是我们在第 1、2 章学过的**四个重要定理**. 在 7.1 节，我们又学习了另外三个定理，即

(1) 区间套定理. 若 $\{[a_n, b_n]\}$ 是一个区间套，即它满足 $[a_n, b_n] \supset [a_{n+1}, b_{n+1}]$, $n \geqslant 1$, 且 $\lim_{n\to\infty}(b_n - a_n) = 0$, 则存在唯一的实数 ξ, 使有 $\xi \in [a_n, b_n]$, $n \geqslant 1$.

(2) 聚点定理. 任意有界无限实数集必有聚点.

(3) 有限覆盖定理. 闭区间 $[a, b]$ 的任一开覆盖必有有限子覆盖.

这里，某一点 a 称为某实数集 S 的一个**聚点**, 如果点 a 的任一邻域内都含有集合 S 的无穷多个点. 上述三个定理中，区间套定理是利用单调有界定理来证明的，聚点定理则可以利用区间套定理也可以利用致密性定理来证，而有限覆盖定理是利用区间套定理来证的.

这样有关实数，我们学习了上述七个定理，其中最早学习的是确界原理，并由此导出了另外六个定理. 事实上，以这七个定理任何一个作为出发点，都可以获得

其余六个定理. 换句话说，这七个定理是相互等价的. 然而，在这些定理的实际应用中，它们各有方便之处.

例 7.1.1　试用有限覆盖定理证明连续函数的一致连续定理.

证明　设 $f:[a,b]\to\mathbf{R}$ 为一个连续函数，由连续函数的定义知，对每个 $x_0\in[a,b]$, 均有 $\lim\limits_{x\to x_0}f(x)=f(x_0)$. 于是，$\forall\varepsilon>0$, $x_0\in[a,b]$, 存在 $\delta=\delta(\varepsilon,x_0)>0$, 使当 $|x-x_0|<\delta$, $x\in[a,b]$ 时有 $|f(x)-f(x_0)|<\varepsilon$. 现引入一个集合 H 如下:

$$H=\{(x-\delta(\varepsilon,x)/2,x+\delta(\varepsilon,x)/2)|\ x\in[a,b]\},$$

显然，这样定义的 H 是区间 $[a,b]$ 的一个开覆盖. 因而，由有限覆盖定理，它有有限子覆盖，即存在正整数 n 和 $x_j\in[a,b]$, $j=1,\cdots,n$ 使

$$\bigcup_{j=1}^{n}(x_j-\delta_j/2,x_j+\delta_j/2)\supset[a,b],$$

其中 $\delta_j=\delta(\varepsilon,x_j)$. 令

$$\delta^*=\frac{1}{2}\min\{\delta_j,j=1,\cdots,n\}.$$

则当 $x,x'\in[a,b]$, $|x-x'|<\delta^*$ 时必存在某个 j 使 $x\in(x_j-\delta_j/2,x_j+\delta_j/2)$, 此时有

$$|x-x_j|<\delta_j/2<\delta(\varepsilon,x_j),\ |x'-x_j|\leqslant|x-x'|+|x-x_j|<\delta^*+\delta_j/2<\delta(\varepsilon,x_j),$$

从而

$$|f(x)-f(x')|\leqslant|f(x)-f(x_j)|+|f(x_j)-f(x')|<\varepsilon+\varepsilon=2\varepsilon.$$

即为所证.

7.2　上极限和下极限

7.2.1　基本问题

1. 点列的聚点和点集的聚点有何区别?
2. 有界点列的聚点有何性质?
3. 上极限和下极限是怎么定义的?
4. 上极限和下极限具有哪些性质?

7.2.2　要点讲解与注释

我们回顾一下 7.1 节引入的实数集的聚点之概念，即给定一点 a 和一个实数集 S，如果点 a 的任一邻域内都含有集合 S 的无穷多个点，则我们就说点 a 为集合 S 的一个聚点. 易见，下列三点是互相等价的.

(i) 点 a 是集合 S 的聚点;

(ii) 点 a 的任一邻域内都含有集合 S 的异于 a 的点;

(iii) 存在 S 的无限子集 $\{x_1, x_2, x_3, \cdots\}$, 使得 $\lim\limits_{n\to\infty} x_n = a$.

这一节的新概念是数列的聚点, 即我们说某数 a 是某数列 $\{x_n\}$ 的聚点，如果 a 的任一邻域内都含有该数列的无限多个项. 一个数列可以有聚点，一个实数集也可以有聚点. 虽然都是“聚点”，但它们的含义是有区别的. 例如，数列 $\{(-1)^n\}$ 有两个聚点 1 与 -1，但与这个数列相应的集合 $\{(-1)^n|\ n \geqslant 1\} = \{1, -1\}$ 却没有聚点.

利用区间套定理，与魏尔斯特拉斯聚点定理类似可证，任一有界数列一定至少有一个聚点, 并且所有聚点中必存在最大者和最小者. 这就引出了另外一个新概念, 即有界数列的上极限与下极限，它们分别是给定有界数列的最大聚点与最小聚点. 其实，上下极限的概念不必限于有界数列，例如，有上界的数列必有最大聚点，我们就可以把这个聚点定义为有上界数列的上极限. 同样，可以定义有下界数列的最小聚点为该数列的下极限. 更进一步，我们又可以把无上界数列的上极限定义为正无穷，无下界数列的下极限定义为负无穷.

于是，任何一个数列一定存在上极限与下极限，而一个给定数列存在极限的充要条件是其上极限和下极限相等.

数列极限有上下极限的概念，其实，函数极限也有这样的概念. 这里做一简单介绍.

设有一个函数 $y = f(x)$, 在一点 $x = a$ 的某一空心邻域内有定义，且有界. 对充分大的正整数 n, 引入两个数列 $\{a_n\}$ 与 $\{b_n\}$ 如下：

$$a_n = \sup\left\{f(x)|\ 0 < |x-a| < \frac{1}{n}\right\}, \quad b_n = \inf\left\{f(x)|\ 0 < |x-a| < \frac{1}{n}\right\}. \tag{7.1}$$

易见，$\{a_n\}$ 是递减的，而 $\{b_n\}$ 是递增的，且 $\{a_n\} \geqslant \{b_n\}$. 因此，下面两个极限必存在有限

$$A = \lim_{n\to\infty} a_n, \quad B = \lim_{n\to\infty} b_n.$$

我们将 A 与 B 分别称为当 $x \to a$ 时函数 $f(x)$ 的上极限与下极限，记作

$$A = \lim_{n\to\infty} a_n = \overline{\lim_{x\to a}} f(x), \quad B = \lim_{n\to\infty} b_n = \underline{\lim_{x\to a}}\, f(x). \tag{7.2}$$

根据定义，显然有

$$\underline{\lim_{x\to a}}\, f(x) \leqslant \overline{\lim_{x\to a}} f(x).$$

类似可证以下命题.

命题 7.2.1 设有两个函数 $f(x)$ 与 $g(x)$, 均在 a 的某空心邻域内有定义且有界. 如果 $f(x) \leqslant g(x)$, 则必有

$$\varliminf_{x\to a} f(x) \leqslant \varliminf_{x\to a} g(x), \quad \varlimsup_{x\to a} f(x) \leqslant \varlimsup_{x\to a} g(x).$$

关于上下极限与极限的关系，与数列极限一样，成立下面的结论.

命题 7.2.2 设函数$f(x)$与在a的某空心邻域内有定义且有界，则极限 $\lim\limits_{x\to a} f(x)$ 存在当且仅当 $\varliminf\limits_{x\to a} f(x) = \varlimsup\limits_{x\to a} f(x)$.

证明 设 $\lim\limits_{x\to a} f(x) = A$ 存在，则由极限定义，任给充分大的正整数 n, 存在另一个正整数 k_n, 使当 $0 < |x-a| < \dfrac{1}{k_n}$ 时

$$A - \frac{1}{n} < f(x) < A + \frac{1}{n}.$$

注意到常数函数的上下极限就是常数，故由上式及命题 7.2.1 可知

$$A - \frac{1}{n} \leqslant \varliminf_{x\to a} f(x) \leqslant A + \frac{1}{n}, \quad A - \frac{1}{n} \leqslant \varlimsup_{x\to a} f(x) \leqslant A + \frac{1}{n}.$$

于是由 n 的任意性即知 $\varliminf\limits_{x\to a} f(x) = \varlimsup\limits_{x\to a} f(x) = A$.

反之，设

$$\varliminf_{x\to a} f(x) = \varlimsup_{x\to a} f(x) = A,$$

则任给 $\varepsilon > 0$, 存在正整数 N, 使当 $n \geqslant N$ 时成立

$$A - \varepsilon < b_n \leqslant a_n < A + \varepsilon,$$

其中 a_n 与 b_n 由式 (7.1) 给出. 于是由式 (7.1) 与式 (7.2) 可知

$$A - \varepsilon < f(x) < A + \varepsilon, \ \ 0 < |x-a| < \frac{1}{N}.$$

由函数极限定义及上式即得 $\lim\limits_{x\to a} f(x) = A$.

进一步，如果我们限制函数 f 在 a 的空心邻域的右半部分或左半部分内，就可以定义 $f(x)$ 在 a 的单侧上下极限 (即 $x \to a+$ 或 $x \to a-$ 时函数 $f(x)$ 的上下极限)，我们还可以给出当 $x \to \infty$, $x \to -\infty$ 以及 $x \to +\infty$ 时函数 $f(x)$ 的上下极限. 这里不再详细给出，留给读者自己完成.

第8章 教学与历史回顾

8.1 再识“一元微分学”

我们在大学第一学期所学的数学分析内容用一个词语作为标题来概括，那就叫做“一元微分学”，这部分内容是数学分析的精华所在，其中极限理论又被视为数学分析的精髓. 经过一个学期的学习，我们已经初步认识了数学分析的理论与方法，这里我们提纲挈领地总结和回顾一下这部分内容的思想和方法.

目前所学数学分析的内容可分为具体的计算与分析技巧、抽象的概念与理论推导两大类，我们最初认识的整数和有理数都是很具体的，最先接触的无理数也是具体的，但严密地给出一般无理数的概念却是相当抽象的 (例如，戴德金分划)，也是相当深奥的，人们认识无理数的过程也是相当曲折和漫长的. 我们所采用的认识无理数的方法是引入无限小数表示，这个表示很巧妙地把抽象的无理数给具体地表示出了，使我们暂时回避了抽象的无理数这一障碍. 但要证明实数的基本性质还得从抽象的无理数的严格定义出发. 继无理数之后，重要的一般性概念有：区间、邻域、集合、上确界和下确界、函数、数列与极限等. 就实数完备性理论而言，我们得到的第一个基本定理是确界原理，是基于实数的无限小数表示来证明的. 基于确界原理我们得到单调有界定理，利用单调有界定理又得致密性定理，利用致密性定理证明了数列的柯西准则，此后依次证明了区间套定理、聚点定理和有限覆盖定理. 这七个定理统称为实数理论的基本定理，它们之中任意两个都是等价的. 这些定理显然属于抽象内容之列. 利用确界原理、数列的单调有界定理和柯西准则，我们又建立了函数极限的理论. 极限概念是抽象的，曾经是神秘的，包含有丰富的辩证思想，从量变到质变，从有限到无穷，从可变到不变，从动态到静止，寻求具体的极限则要用到特殊的估计和技巧，两个重要极限就是个典型例子.

用到具体技巧的还有基本初等函数的连续性和可微性等. 这些基本的初等函数都是我们在中学里接触过的，它们的一些基本性质也是熟悉的，然而有些性质的论证在中学里是无法完成的. 例如，大家都熟悉的指数函数、对数函数与幂函数所满足的若干公式，在中学的数学课程中并不能完整地给出证明. 我们在书中给出了严密的论证. 我们还发现国内外许多数学分析教材都没有对这些公式进行严密的论证.

利用实数完备性理论的基本定理和函数极限理论，我们又建立了闭区间上连续函数的三大性质和微分学基本定理 (中值定理和泰勒公式), 这些也属于抽象内容之列, 并且是数学分析最经典最重要的基本内容. 这些定理是抽象的, 而它们的实际应用或反例往往是具体的, 因此, 具体和抽象是相辅相成的、互相支撑的、互相渗透的、密不可分的, 这里充分体现了对立与统一的辩证关系. 利用导数可以研究函数的单调性、凹凸性等, 可以求函数在闭区间 (甚至无穷区间) 上的最大值和最小值, 利用微分中值定理又可以推出洛必达法则和泰勒公式, 洛必达法则和泰勒公式联合运用可以在求函数极限问题中发挥巨大威力.

数学分析中抽象的理论分析向人们提供了分析问题和解决问题的一般方法, 这些方法往往是符合常规的, 鲜有异常离奇的, 深刻理解和灵活运用这些抽象理论就能很好地培养我们的逻辑推理和抽象思维能力, 这种能力是科学创新的基础. 数学分析中具体的计算技巧是数学分析不可或缺的内容, 有了它们, 抽象的理论才有了活力, 才变得充实可用. 数学分析的习题也可分为较抽象的证明题和较具体的计算题, 证明题往往用到数学分析的较抽象一般性定理及其衍生的思想方法, 而计算题往往需要一些特殊的技巧. 学好数学分析离不开做一定量的练习题, 做题这个过程是个积累和提高的过程, 不但有利于理解和掌握数学分析的概念、理论和方法, 还有利于数学思维能力的培养和提高. 数学分析有很多难题, 这些题需要高超的技巧甚至意想不到的方法才能做出来, 当然也有些是世界难题, 至今没有解答. 因此, 基本题要多做, 会做, 怪题、难题适量做, 量力做.

数学分析的方法是现代数学的基石, 数学分析的思想是现代数学的灵魂, 数学分析还是诸多应用科学乃至社会科学的研究工具. 由此可见学好数学分析学会逻辑推理学成创新思维是多么重要. 达到这一目标的唯一途径就是勤学苦练、苦思冥想. 只要有决心有行动, 这一目标一定能实现!

8.2 微积分发展简介

8.2.1 引言

公元前 4 世纪希腊哲学家亚里士多德认为, 数学是量的科学; 19 世纪恩格斯指出, 数学是研究现实世界的空间形式与数量关系的科学; 20 世纪 80 年代美国学者 (《振兴美国数学 ——90 年代的计划》, 世界图书出版公司, 1993) 进一步明确, 数学这个领域已被称作模式的科学 (science of pattern), 其目的是要揭示人们从自然界和数学本身的抽象世界中所观察到的结构和对称性. 这里模式的内涵: 数的模式、形的模式、运动与变化的模式、推理与通信的模式、行为的模式等. 微积分作为现代数学的基础, 是在 17 世纪后期由牛顿和莱布尼茨分别独立发明的, 后来又经过一批数学家的先后不断修正、改进与完善, 才形成了现在的理论. 以下我们简单介绍微积分的发展历程. 更详细的论述可参考文献 [4]~[7].

8.2.2 牛顿的流数术

牛顿 (1643—1727) 出身于英格兰一个普通的农民家庭，年少时学习成绩一般，1661 年进入剑桥大学就读，1664 年开始钻研伽利略、笛卡儿等名人的著作，特别是对笛卡儿的《几何学》中有关求曲线的切线问题有浓厚兴趣. 1665 年，剑桥大学因瘟疫流行而关闭，牛顿离校返乡，在家乡度过了至关重要的两年. 期间，于 1666 年完成了研究微积分的第一篇论文《流数简论》，此文虽未发表，论证也不严密，但标志着微积分的诞生. 1667 年牛顿返校后继续进行微积分的研究，并努力改进论证，先后完成了下列三篇论文：

(1)《运用无限多项方程的分析》(1669 年完成，1711 年发表)；

(2)《流数法与无穷级数》(1671 年完成，1736 年发表，此时牛顿已去世)；

(3)《曲线求积术》(1691 年完成，1704 年发表).

1687 年牛顿出版了数学史上划时代的名著《自然哲学的数学原理》(该书系统地论述微分和积分，被爱因斯坦称为 "无比辉煌的演绎成就"). 在论述微积分时牛顿用到 "增量" "无穷小" "极限" 等当时意义模糊的概念，在处理无穷小量时人为地 "设增量消逝"，这在当时引起争议，并受到批评. 例如，他是按下列方法来求函数 $y=x^n$ 的流数 (即导数) 的：设 x 变为 $x+o$，x^n 变为 $(x+o)^n$，由于

$$(x+o)^n = x^n + nox^{n-1} + \frac{n(n-1)}{2}o^2x^{n-2} + \cdots,$$

于是 x^n 的增量与 x 的增量之比为

$$\frac{(x+o)^n - x^n}{(x+o)-x} = nx^{n-1} + \frac{n(n-1)}{2}x^{n-2}o + \cdots,$$

现在 "设增量 o 消逝"(即令其为零)，则得到 nx^{n-1} (牛顿称其为最终比)，这就是牛顿定义的流数.

由于当时极限概念尚未明确建立，上述对增量 o 的处理自然是含糊不清的.

牛顿是一位科学巨人，他曾长期担任英国皇家学会会长，曾出任伦敦造币局局长. 他关心的科学问题主要是天体运行，其最大贡献是建立引力理论，他在研究各种力学问题时多用微分方程建立数学模型，并研究其解. 对于他取得的巨大成就，他曾说 "如果说我看得更远些，那是因为我站在巨人的肩膀上". 以他建立微积分为例，在他之前，德国天文学家、数学家开普勒 (1571—1630) 和意大利数学家卡瓦列里 (1598—1647) 均研究过旋转体的体积，并提出了 "不可分量"(indivisible) 概念和原理，解析几何的创始人法国数学家笛卡儿 (1596—1650) 给出了求曲线切线的代数方法，法国数学家费马 (1601—1665) 在研究函数的极值问题是引入了 "增量"，

并“令其为零”得到极值的必要条件，牛顿的老师巴罗 (1630—1677) 给出了求曲线切线的“微分三角形”方法. 在这些数学家工作的基础上，牛顿敏锐地发现了面积计算和求曲线切线的互逆关系，并把研究无穷小问题统一为两类普遍的算法 —— 正、反流数术 (亦即微分与积分)，并证明了两者的互逆关系，这正是他超越前人的功绩，当时被公认为微积分的发明者.

牛顿还说过“心里总是装着研究的问题，等待那最初的一线希望渐渐变成普照一切的光明”“人一旦确立了自己的目标，就不应该再动摇为之奋斗的决心”“你若想获得知识，你该下苦功; 你若想获得食物，你该下苦功; 你若想得到快乐，你也该下苦功，因为辛苦是获得一切的定律”. 每个有成就的科学家应该都有同感.

图 8.1　牛顿

8.2.3　莱布尼茨的微积分

莱布尼茨 (1646—1716) 出身于德国一个教授家庭，其父母亲自做他的启蒙教师，耳濡目染下莱布尼茨从小就十分好学，并有很高的天赋，幼年时就对诗歌和历史有着浓厚的兴趣. 不幸的是，他 6 岁时父亲去世，但给他留下了丰富藏书, 莱布尼茨因此得以广泛接触古希腊罗马文化，阅读了许多著名学者的著作，由此而获得了坚实的文化功底和明确的学术目标. 1661 年莱布尼茨 15 岁时进入莱比锡大学学习法律，并于 1667 年 (约 21 岁) 获得法学博士学位. 大学期间他阅读了培根、开普勒、伽利略等的著作，并对他们的著述进行了深入的思考和评价. 在听了数学教授讲授的欧几里得的《几何原本》的课程后，莱布尼茨对数学产生了浓厚的兴趣. 在 18 岁时他母亲不幸去世，从此莱布尼茨只身一人生活，终身未婚.

他 1672 年出任德国住巴黎大使，并在巴黎住了四年 (1672—1676)，在这四年中他利用工作之余潜心研究卡瓦列里、帕斯卡、巴罗等人的数学著作中求曲线切线、面积与体积等微积分问题，在巴罗、帕斯卡的“微分三角形”的基础上受到启发提出了他自己的以 $\mathrm{d}x$ 和 $\mathrm{d}y$ 为直角边的“微分三角形”，采用与牛顿不同的方式创立了微积分.

在 1676 年，莱布尼茨给出了幂函数的微分与积分公式，并首次使用了符号 “$\mathrm{d}x$” 和 “$\int$”. 1677 年他对一般的函数给出了现在所谓的牛顿–莱布尼茨的积分公式，并获得了函数的和、差、积、商及复合函数的求导法则. 在 1684 年他发表了第一篇微分学论文 (比牛顿早发表 20 多年)，1686 年又发表了积分学论文. 当然，同样由于当时极限理论尚不完善，莱布尼茨对微积分的论证也有不严格之处，在对 (高阶) 无穷小量的处理上出现了与牛顿类似的不严密.

从 1695 年起，莱布尼茨就一直为在柏林建立科学院四处奔波，到处游说，直到 1700 年，柏林科学院正式建立，他出任首任院长. 1700 年 2 月，他还被选为法国科学院院士. 当时全世界的四大科学院：英国皇家学会、法国科学院、罗马科学与数学科学院、柏林科学院都以莱布尼茨作为核心成员.

莱布尼茨对中国的科学、文化和哲学思想十分关注，他是最早研究中国文化和中国哲学的德国人. 他向耶稣会来华传教士了解到了许多有关中国的情况，包括养蚕纺织、造纸印染、冶金矿产、天文地理、数学文字等，并将这些资料编辑成册，出版成书《中国近况》. 他还曾写信给中国的康熙皇帝建议成立北京科学院，为促进中西文化交流做出了毕生的努力.

图 8.2 莱布尼茨

8.2.4 发明权之争

现在我们知道，牛顿创立微积分在时间上比莱布尼茨要早若干年，而牛顿的论著发表的时间却比莱布尼茨晚若干年. 但在当时，他们之间就谁是微积分的第一发明人问题发生过严重的争执，两国的科学家们也曾为双方激烈的辩护. 据霍金所著《时间简史》[7] 记载，大多数为牛顿辩护的文章均出自牛顿本人之手，只不过是用朋友之名发表而已. 在争论最激烈的时候，莱布尼茨犯了向皇家学会起诉来解决这一争端的错误. 牛顿作为皇家学会的主席，指定了一个清一色的由牛顿的朋友组成的“公正”的委员会来审查此案，更有甚者，后来牛顿自己亲自写了一个委员会报告，谴责莱布尼茨的剽窃行为，并让皇家学会将其出版.

微积分发明权之争是科学史上不幸事件，严重影响了 18 世纪英国数学的发展. 虽然牛顿在微积分应用方面的辉煌成就极大地促进了科学的进步，但由于英国数学家固守牛顿的传统而使自己逐渐远离分析的主流. 相反，欧洲其他国家的数学家在发展莱布尼茨微积分方法的基础上建立了严格的分析学.

8.2.5　柯西与分析学基础

由于牛顿和莱布尼茨对微积分的论述都有类似的不严密，不少数学家试图弥补他们的漏洞，建立严格化的微积分学基础，这一工作直到 19 世纪初才初见成效. 捷克数学家波尔查诺 (1781—1848) 较早地在 1817 年发表了论文《纯粹分析的证明》，重新定义了函数的连续性、导数等概念，并证明了连续函数的中值定理. 但其工作长期未引起人们的注意. 四五年以后，法国数学家柯西 (1789—1851) 在严格化方面迈出了关键的一步.

柯西长期担任巴黎综合工科学校教授，在教学过程中写出了许多讲义和著作，最有代表性的是《分析教程》(完成于 1821 年) 和《无穷小计算教程概论》(完成于 1823 年)，他们以严格化为目的，对微积分的基本概念，如变量、函数、极限、无穷小量、连续性、导数、微分、收敛等给出了明确的定义，并在此基础上重建和拓展了微积分的重要定理. 按柯西的定义，“变量”即“依次取许多不同值的量”，“极限”即“当同一变量逐次所取的值无限趋于一定值，并最终使其值与该定值的差要多小就多小时，那么最后这个定值就称为所有其他值的极限”. 柯西已把导数明确地定义为函数增量与自变量增量之比的极限，他的许多定义和论述已相当接近我们现在学习的微积分. 柯西的研究工作在当时引起科学界很大的轰动.

图 8.3　柯西

8.2.6 魏尔斯特拉斯的严格化

柯西的工作在很大程度上澄清了微积分基础问题方面长期存在的混乱，但他的理论还只能说“比较严格”，不久人们就发现其理论也有漏洞. 主要表现在下述两点.

(1) 在极限定义中“无限趋于”和“要多小就多小”这种文字叙述含义不甚明确，难以令人信服.

(2) 在处理极限和连续性等问题时想当然地利用了实数的完备性，而在当时人们对实数的性质还没有充分地认识，甚至对什么是无理数也没有给出明确的定义.

德国数学家魏尔斯特拉斯 (1815—1897) 在 1857 年前后对上述两个方面的问题获得了完整的解决. 解决上述第二个方面问题的还有德国数学家戴德金 (1831—1916)(利用分划) 和康托尔 (1845—1918)(利用有理数柯西数列)(均在 1872 年). 而现在教科书中多数采用戴德金的分划方法来建立实数理论.

魏尔斯特拉斯出生于德国一个海关官员家庭，中学时代成绩优异，曾在波恩大学学习法律和商业，1838 年转学数学. 1841 年通过了教师资格考试，1842—1855 年间先后在两所中学任教，并利用业余时间从事数学研究，并在中学教学刊物上发表了一些论文，但由于该刊物本身学术性不强，这些论文未引起重视，直到 1854 年他的成名作《关于阿贝尔函数论》在学术刊物《纯粹与应用数学杂志》发表，他还因此获得哥尼斯堡大学的 (名誉) 博士学位. 1856 年入职于柏林工业大学，后又到柏林大学任职.

图 8.4 魏尔斯特拉斯

在微积分的教学中魏尔斯特拉斯意识到要使分析严格化，首先就要使实数系本身严格化. 1857 年在课堂讲授的过程中他给出了第一个严格的实数定义，在严格的逻辑基础上建立了实数理论，其思路乃是从自然数出发定义有理数，利用单调有界序列引出无理数. 在实数理论的基础上，魏尔斯特拉斯批评并放弃了柯西在定义极限时曾用到的“无限趋近”等这种不确切的说法，创造性地用 ε-δ 语言给出了极限、连续、导数等概念的严格定义，特别是引进了一致收敛性而消除了许多异议和混乱. 魏尔斯特拉斯的表述方式一直沿用至今.

8.2.7　微积分学若干概念形成简史

(1) 变量. 法国数学家笛卡儿最先把变量的思想引入到数学中，这是一个革命. 但这一名词的正式使用则属于约翰·伯努利.

(2) 函数. 用图线表示两个量之间关系的原始思想早在 14 世纪就出现了，在 17 世纪笛卡儿把变量引入数学时也同时建立了平面上点与实数对 (x, y) 对应关系，给出了动点沿曲线运动时可以用方程式描述其坐标的相互依赖关系. 然而，“函数”作为数学术语则是莱布尼茨首先采用的，其后，众多数学家对函数的定义不断进行改进和明确，而现在教科书中普遍采用的形式是由布尔巴基 (学派) 于 1939 年给出的. 布尔巴基学派是一批法国年轻数学家在 1935 年自发组织起来的研究集体，自成立之日起该学派每年举行数次研讨班，广泛深入地研究现代数学的本质，探讨数学发展动向. 讨论会不拘形式，与会者通过辩论达成一致意见. 对完成的论文和专著也反复讨论修改，直到满意后方印刷出版. 该学派还规定，年满 50 岁的成员必须自动退出，以保持活力. 自 1939 年以来，该学派已出版了 40 多部数学研究专著，对现代数学的发展影响甚大. 已有两位成员获得“沃尔夫奖”(该奖项相当于诺贝尔奖)，6 位获得“菲尔兹奖”(该奖项奖励 40 岁以下的有杰出贡献的数学家，由国际数学家大会每 4 年颁发一次，每次 2~4 人).

(3) 极限. 约在公元前 4 世纪中国哲学家庄子曾认识到“一尺之棰，日取其半，万世不竭”，中国数学家刘徽在公元 263 年前后研究和注释中国古代数学名著《九章算术》时创立了求圆面积和周长的割圆术，其精髓是“割之弥细，所失弥少，割之又割，以至于不可割，则与圆合体，而无所失也”. 公元前 200 多年古希腊数学家阿基米德发明了穷竭法，并用来测算面积和体积. 以上都包含了极限的思想. 用极限思想研究微积分则始于牛顿和莱布尼茨. 柯西虽对极限已有正确的理解，但其描述却不精确，最终由魏尔斯特拉斯给出完整而严密的定义, 一直沿用至今.

(4) 连续函数. 先后由波尔查诺 (1817 年)、柯西 (1821 年) 给出，完整的叙述由魏尔斯特拉斯完成.

(5) 导数. 第一个正确的叙述由波尔查诺 (1817 年) 给出，柯西 (1823 年) 给出同样的定义, 一直沿用至今.

(6) 微分. 最初由莱布尼茨给出，但其叙述不确切，后来法国数学家拉克鲁瓦 (1810 年) 给出较确切的叙述，并获得微分公式 $\mathrm{d}y = f'(x)\mathrm{d}x$. 法国数学家拉格朗日最先提出“微分是函数增量的线性主部”这一现代观念. 柯西则将导数与微分统一起来，并定义 $\mathrm{d}x$ 为“x 的任意有限增量”.

(7) 积分. 牛顿以几何方式给出积分概念，莱布尼茨把积分定义为变量的无穷多个微元之和，直到 1823 年，柯西利用和的极限来给出积分的定义. 柯西还建立广义积分理论 (无界区间上函数的积分及无界函数的积分两类).

(8) 洛必达法则. 最先由瑞士数学家约翰·伯努利于 1691 年给出这一求极限的方法，后由其学生法国数学家洛必达写入了他的专著《无穷小分析》，后人误以为由洛必达所发现而称之为洛必达法则.

(9) 微分中值定理: 1691 年法国数学家罗尔证明一元多项式的两相邻实根之间必有其导函数的根. 后来人们把罗尔方法推广到一般可微函数，所得到的结果就是现在所谓的罗尔中值定理. 100 多年后的 1797 年，法国数学家拉格朗日在研究泰勒数时获得了现在称作拉格朗日中值定理的结果. 1823 年柯西在其专著《无穷小分析教程概论》中对拉格朗日中值定理作了变形，后人在柯西形式的基础上加以推广而得到现在称作柯西中值定理的结果.

(10) 实数理论: 严格的实数理论是魏尔斯特拉斯在 19 世纪 60 年代建立的，10 年后戴德金、康托尔、梅雷和海涅等几乎在同时用不同的方法建立了同样的理论. 留传下来的只有戴德金和康托尔的方法，并沿用至今.

我们已经看到，微积分的基础——实数理论是在微积分的体系建立以后才建立的，而实数理论又是建立在一些公设之上的.

8.2.8 微积分学的内容组成、所揭示的矛盾和向现代数学的拓展

(1) 微积分学的三大组成部分.

微积分学的内容由三大部分组成，即微分学、积分学、揭示微分和积分矛盾关系的微积分基本定理. 就一元微积分而言，微积分基本定理就是我们熟知的牛顿–莱布尼茨公式，该公式给出了反映局部性质的微分 (导数) 和反映整体性质的积分 (原函数) 之间的互相决定的关系. 对多元微积分而言，微积分基本定理由格林 (1793—1841，与牛顿相差 150 岁) 公式 (该公式建立了二元函数的二重积分和曲线积分的关系)、斯托克斯 (1819—1903，与牛顿相差近 180 岁) 公式 (该公式建立了三元函数的曲面积分和曲线的关系) 和高斯 (1777—1855，与牛顿相差 134 岁) 公式联合组成.

以上所述四个公式后来被斯托克斯用外微分形式十分简洁地统一起来而被称为斯托克斯公式. 该公式是古典微积分向现代微积分发展的一个高峰.

(2) 微积分学所揭示的矛盾.

微积分学含有许多对立统一的辩证关系，并引起了马克思和恩格斯的高度兴趣，并在微积分的形成初期受到争议的时候，他们也进行微积分研究，且极力维护和完善牛顿和莱布尼茨的微积分. 微积分学揭示的主要矛盾是微分和积分的矛盾，表现在他们是一对互逆的运算，除此之外还有一些次要矛盾，例如，自变量和函数

(因变量)，离散和连续，有限与无限，单调增加与单调减少，函数与反函数，整体函数和局部展开等.

(3) 微积分学的拓展.

前面已提到，斯托克斯把古典微积分发展到微分流形上而形成微分几何学的基础. 另一方面，尽管在微积分严格化之后，数学整个的面貌发生了极大的变化，但一些缺陷也随之显现出来，主要是原有的微分和积分的概念有局限性，很多定理的条件较强. 德国数学家康托尔 (1845—1918，与牛顿相差 200 多岁) 与法国数学家勒贝格 (1875—1941，与牛顿相差 230 多岁) 较早地发现这些问题，并完成了实变函数理论的奠基性工作，特别是，在 1902 年勒贝格在他的博士论文中创立了勒贝格积分理论，大大减弱了原来黎曼可积的条件. 从 19 世纪 30 年代开始到该世纪末期，柯西、黎曼和魏尔斯特拉斯等创立了复数域中的微积分，即复分析学科. 古典微积分在无穷维空间的发展而形成现代数学的重要分支——泛函分析的基础.

因此，微积分已成为几乎所有科学的基础工具，许多文科也已开始学习微积分了，这对培养和训练严密的逻辑思维有极大的帮助.

1900 年 8 月 5 日, 德国数学家希尔伯特 (1862—1943) 在巴黎第二次国际数学家大会上作了题为 “数学问题” 的著名讲演, 讲演的主题是他根据 19 世纪数学研究的成果和发展趋势而提出的 23 个数学问题, 这些问题涉及现代数学的大部分领域, 从问题提出到现在这 100 多年来, 众多数学家围绕这些问题展开了坚持不懈的研究, (除了一两个以外) 绝大多数问题已完整解决或基本解决. 不论问题解决还是没有解决, 数学家们对这些问题探索的过程和研究的成果大大促进和推动了数学学科的发展. 当然, 没有人能够预测 100 年后数学各个领域的发展, 21 世纪数学的发展实际上远远超出了希尔伯特问题所预示的范围. 希尔伯特在 1900 年作大会讲演时年仅 38 岁, 当时已是举世公认的三位领袖数学家之一 (另两位是法国数学家庞加莱 (1854—1912) 和德国数学家克莱因 (1849—1925), 这里, 希尔伯特和庞加莱是因为其数学成就而被公认为领袖, 而克莱因主要是因为十分出色的组织才能而被公认为领袖).

在提出 23 个数学问题的同时, 希尔伯特还对数学的意义和发展提出了十分精辟的见解, 摘录如下. 在讲演的开始, 他说: “我们当中有谁不想揭开未来的帷幕, 看一看下一世纪数学科学发展的前景和奥秘呢? 我们下一代人将追求什么样的主要数学思潮和特殊目标? 在广阔而丰富的数学思想领域, 新世纪将会带来什么样的新方法和新成果?” “历史教导我们, 科学的发展具有连续性. 我们知道, 每个时代都有自己的问题, 这些问题后来或者得以解决, 或者因为无所裨益而被抛到一边并代之以新的问题. 因为一个伟大时代的结束, 不仅促使我们追溯过去, 而且把我们的思想引向那未知的将来.” 自从 17 世纪 60 年代微积分发明以来, 数学得到了极大的发展, 数学分支不断增多, 从而精通数学各科的数学全才就愈来愈少. 到 19 世纪末期希尔伯特演讲的时候已经是这种情况. 因此, 希尔伯特又说: " 我们不禁要问, 随着数学知识的不断扩展, 单个的研究者想要了解所有这些知识岂不是变得不可能了吗? 为了回答这个问题, 我想指出: 数学中每一步真正的进展都与更有力的工具和更简单的方法的发现密切联系着, 这些工具和方法同时会有助于理解已有的理论并把陈旧的复杂的东西抛到一边. 数学学科发展的这种特点是根深蒂固的. 因此, 对于单个的数学工作者来说, 只要掌握了这些有力的工具和简单的方法, 他就有可能在数学的各个分支中比其他科学更容易找到前进的道路."

图 8.5 希尔伯特

数学家的研究过程和数学发展史告诉我们这样一条道理: 数学科学的发展整体上是一个推陈出新的过程. 对个体而言, 如果你掌握了现代的有力的工具, 并去寻求简单的新方法, 你才可能在数学研究中有 "真正的进展", 你的成果才可能 "流芳百世".

参 考 文 献

[1] 华东师范大学数学系. 数学分析 (上册). 4 版. 北京：高等教育出版社, 2010.

[2] 菲赫金哥尔茨. 微积分学教程 (第一卷). 叶彦谦等译. 北京：人民教育出版社, 1955.

[3] 毛羽辉，韩士安，吴畏. 数学分析 (第四版) 学习指导书 (上册). 北京：高等教育出版社，2011.

[4] 杜瑞芝. 数学史辞典. 济南：山东教育出版社，2000.

[5] 李文林. 数学史教程. 北京：高等教育出版社，2000.

[6] 龚昇. 微积分五讲. 北京：科学出版社，2004.

[7] 霍金. 时间简史——从大爆炸到黑洞. 吴忠超, 许明贤译. 长沙：湖南科学技术出版社，1988.

[8] 韩茂安. 关于指数函数、对数函数与幂函数的教学探索. 大学数学, 2014, 30 (1): 88–92.